超低功耗(ULP)蓝牙技术规范解析

金 纯　肖玲娜　罗 纬　聂增丽　编著

国防工业出版社

·北京·

图书在版编目(CIP)数据

超低功耗(ULP)蓝牙技术规范解析／金纯等编著.
—北京:国防工业出版社,2010.5
ISBN 978-7-118-06678-4

Ⅰ.①超... Ⅱ.①金... Ⅲ.①无线电通信－移动通信
－通信技术－规范 Ⅳ.①TN929.5－65 ②TN915.04－65

中国版本图书馆 CIP 数据核字(2010)第 047347 号

※

国防工业出版社出版发行
(北京市海淀区紫竹院南路23号　邮政编码100048)
北京奥鑫印刷厂印刷
新华书店经售

*

开本 710×960　1/16　印张 11½　字数 200 千字
2010 年 5 月第 1 版第 1 次印刷　印数 1—4000 册　定价 25.00 元

(本书如有印装错误,我社负责调换)

国防书店:(010)68428422　　发行邮购:(010)68414474
发行传真:(010)68411535　　发行业务:(010)68472764

前　　言

标准蓝牙所能提供的 5 种核心价值包括:低成本、低功耗、短距离、全球标准化以及可靠性。在这些核心价值经历了时间考验并有所发展之后,就出现了 Wibree 技术。

2007 年 6 月, Wibree 技术被纳入蓝牙技术联盟(Special Interest Group, SIG),并更名为超低功耗(Ultra Low Power, ULP)蓝牙。这一新的低功耗无线技术可用于小型设备之间的简单数据传输,仅需一枚钮扣电池便可运行 10 年。这意味着该技术能够提供一种全新的蓝牙连接,可满足各种细分产品的需求,如手表、训练鞋、医疗传感器等,市场将会非常庞大。

目前的短距离无线通信技术有很多,如 ZigBee、Wi – Fi 等。2.4GHz 短距离无线通信市场已经相当拥挤,但是还缺少一个为基于钮扣电池供电的小型低功耗应用而设计的开放标准,以推动数据流相对较低的简单无线网络技术的发展,其基本要求就是低成本、低功耗、简单易用。而无论是 Wi – Fi,还是蓝牙,都离这个标准有一定的距离。蓝牙可以在不充电的情况下工作几周,根本无法工作几个月,更不用说几年。而 Wi – Fi 的功耗却更高。Wi – Fi 是为快速传输大量数据而设计的,它无法满足相当一部分实用性无线网络在电池寿命、外形尺寸以及系统成本上的要求。至于 ZigBee,虽然这种技术具有一定的功耗与成本优势,不过它瞄准的一向都是比 PAN 更大型的无线传感器网络(Wireless Sensor Network, WSN)。同时,由于 ULP 蓝牙技术本身比较简单,其与标准蓝牙的融合也不会增加成本。可以预计基于该技术的各种蓄势待发的应用使得它有一个广阔的发展前景。

ULP 蓝牙技术的研究在国外、国内都处于起步的阶段,无论专业著作还是研究论文和研究成果都非常少。因此,作者参考国外有关 ULP 蓝牙技术的最新文献资料和技术规范,编写了本书,为需要和准备进行 ULP 蓝牙技术研究和开发的广大读者提供一个接触和深入掌握 ULP 蓝牙技术的参考工具。本书的目的在于抛砖引玉,希望能对有兴趣学习和开发 ULP 蓝牙技术的同行们提供一本可供参考的专业书。

　　全书共分 8 章,第 1 章为短距离无线通信技术简介,介绍了网络体系结构中各层的总体概况;第 2 章介绍了 ULP 蓝牙系统体系结构;第 3 章介绍了 ULP 蓝牙物理层规范;第 4 章介绍了 ULP 蓝牙链路层规范;第 5 章介绍了 ULP 蓝牙主机控制接口(Host Controller Interface,HCI)规范;第 6 章介绍了 ULP 蓝牙的主机规范;第 7 章介绍了安全服务规范;第 8 章对 ULP 蓝牙的应用前景进行了展望,并对不同公司的 ULP 蓝牙产品和解决方案进行了介绍和说明。

　　全书由金纯、肖玲娜、罗纬、聂增丽负责各章节的编写工作。编写过程中,还得到了刘轶、万宝红、韩智斌、周晓军、辛赞洋、陈远燕、周科嘉等同志的协助。由于时间仓促,加之水平有限,书中的不足之处在所难免,敬请读者批评指正。

作　者
2010 年 2 月

目　　录

第1章　短距离无线通信技术简介 ································· 1

　1.1　无线通信网络概述 ····································· 1

　　1.1.1　无线通信网络的特点 ······················· 2

　　1.1.2　无线通信网络的种类 ······················· 4

　1.2　短距离无线通信网络的发展 ··················· 5

　1.3　典型的短距离无线通信网络技术 ··············· 7

　　1.3.1　蓝牙 ································· 7

　　1.3.2　ZigBee ····························· 10

　　1.3.3　Wi-Fi ····························· 11

　　1.3.4　IrDA 技术 ························· 12

　　1.3.5　NFC ······························· 14

　　1.3.6　UWB ······························· 17

　1.4　短距离无线通信网络的应用 ················· 18

第2章　ULP 蓝牙系统体系结构概述 ····················· 25

　2.1　引言 ··· 25

　2.2　ULP 蓝牙技术的价值 ··························· 26

　2.3　ULP 蓝牙技术及其前景 ························· 27

　2.4　体系结构 ··· 29

　2.5　拓扑结构 ··· 30

　2.6　工作状态和工作角色 ······················· 31

　2.7　设备分类 ··· 32

第3章　物理层规范 ····································· 33

　3.1　频带和信道分配 ····························· 33

3.2 发射机特性 ⋯⋯⋯⋯⋯⋯⋯⋯⋯⋯⋯⋯⋯⋯⋯⋯⋯⋯⋯⋯ 34

　　3.2.1 输出功率水平 ⋯⋯⋯⋯⋯⋯⋯⋯⋯⋯⋯⋯⋯⋯⋯⋯⋯ 34

　　3.2.2 调制特性 ⋯⋯⋯⋯⋯⋯⋯⋯⋯⋯⋯⋯⋯⋯⋯⋯⋯⋯⋯ 35

　　3.2.3 寄生辐射 ⋯⋯⋯⋯⋯⋯⋯⋯⋯⋯⋯⋯⋯⋯⋯⋯⋯⋯⋯ 35

　　3.2.4 射频容限 ⋯⋯⋯⋯⋯⋯⋯⋯⋯⋯⋯⋯⋯⋯⋯⋯⋯⋯⋯ 36

3.3 接收机特性 ⋯⋯⋯⋯⋯⋯⋯⋯⋯⋯⋯⋯⋯⋯⋯⋯⋯⋯⋯⋯ 36

　　3.3.1 实际的灵敏度水平 ⋯⋯⋯⋯⋯⋯⋯⋯⋯⋯⋯⋯⋯⋯ 36

　　3.3.2 干扰性能 ⋯⋯⋯⋯⋯⋯⋯⋯⋯⋯⋯⋯⋯⋯⋯⋯⋯⋯⋯ 36

　　3.3.3 带外阻塞 ⋯⋯⋯⋯⋯⋯⋯⋯⋯⋯⋯⋯⋯⋯⋯⋯⋯⋯⋯ 37

　　3.3.4 互调特性 ⋯⋯⋯⋯⋯⋯⋯⋯⋯⋯⋯⋯⋯⋯⋯⋯⋯⋯⋯ 37

　　3.3.5 最大有效电平 ⋯⋯⋯⋯⋯⋯⋯⋯⋯⋯⋯⋯⋯⋯⋯⋯⋯ 38

　　3.3.6 参考信号定义 ⋯⋯⋯⋯⋯⋯⋯⋯⋯⋯⋯⋯⋯⋯⋯⋯⋯ 38

第4章　链路层规范 ⋯⋯⋯⋯⋯⋯⋯⋯⋯⋯⋯⋯⋯⋯⋯⋯⋯⋯⋯ 39

4.1 空中接口协议 ⋯⋯⋯⋯⋯⋯⋯⋯⋯⋯⋯⋯⋯⋯⋯⋯⋯⋯⋯ 39

　　4.1.1 ULP蓝牙的地址 ⋯⋯⋯⋯⋯⋯⋯⋯⋯⋯⋯⋯⋯⋯⋯ 39

　　4.1.2 多址方案 ⋯⋯⋯⋯⋯⋯⋯⋯⋯⋯⋯⋯⋯⋯⋯⋯⋯⋯⋯ 40

　　4.1.3 帧间距 ⋯⋯⋯⋯⋯⋯⋯⋯⋯⋯⋯⋯⋯⋯⋯⋯⋯⋯⋯⋯ 41

　　4.1.4 设备发现 ⋯⋯⋯⋯⋯⋯⋯⋯⋯⋯⋯⋯⋯⋯⋯⋯⋯⋯⋯ 41

　　4.1.5 链路层的连接配置 ⋯⋯⋯⋯⋯⋯⋯⋯⋯⋯⋯⋯⋯⋯ 47

　　4.1.6 链路层连接过程 ⋯⋯⋯⋯⋯⋯⋯⋯⋯⋯⋯⋯⋯⋯⋯ 49

　　4.1.7 确认方案 ⋯⋯⋯⋯⋯⋯⋯⋯⋯⋯⋯⋯⋯⋯⋯⋯⋯⋯⋯ 56

　　4.1.8 定时要求 ⋯⋯⋯⋯⋯⋯⋯⋯⋯⋯⋯⋯⋯⋯⋯⋯⋯⋯⋯ 56

4.2 空中接口包的格式 ⋯⋯⋯⋯⋯⋯⋯⋯⋯⋯⋯⋯⋯⋯⋯⋯⋯ 57

　　4.2.1 位顺序 ⋯⋯⋯⋯⋯⋯⋯⋯⋯⋯⋯⋯⋯⋯⋯⋯⋯⋯⋯⋯ 58

　　4.2.2 广播信道PDU ⋯⋯⋯⋯⋯⋯⋯⋯⋯⋯⋯⋯⋯⋯⋯⋯ 58

　　4.2.3 数据信道PDU ⋯⋯⋯⋯⋯⋯⋯⋯⋯⋯⋯⋯⋯⋯⋯⋯ 63

4.3 比特流的处理 ⋯⋯⋯⋯⋯⋯⋯⋯⋯⋯⋯⋯⋯⋯⋯⋯⋯⋯⋯ 67

　　4.3.1 CRC多项式 ⋯⋯⋯⋯⋯⋯⋯⋯⋯⋯⋯⋯⋯⋯⋯⋯⋯ 67

　　4.3.2 数据白化 ⋯⋯⋯⋯⋯⋯⋯⋯⋯⋯⋯⋯⋯⋯⋯⋯⋯⋯⋯ 67

第5章　主机接口规范 ·· 69

　5.1　命令和事件概览 ·· 69
　　5.1.1　管理等级 ··· 69
　　5.1.2　测试 ··· 71
　　5.1.3　通用事件 ··· 71
　5.2　HCI 的流控制 ·· 71
　5.3　HCI 的数据格式 ·· 71
　　5.3.1　数据和参数格式 ······································· 71
　　5.3.2　HCI 命令分组 ··· 72
　　5.3.3　HCI 数据分组 ··· 72
　　5.3.4　HCI 事件分组 ··· 73
　5.4　HCI 命令和事件 ·· 73
　　5.4.1　管理等级命令 ··· 73
　　5.4.2　事件 ··· 97
　　5.4.3　数据等级 ·· 106
　5.5　错误代码 ··· 106

第6章　主机规范 ·· 107

　6.1　概述 ··· 107
　6.2　双模 ··· 107
　6.3　ULP 传输分组格式 ·· 107
　6.4　面向连接数据分组 ·· 108
　　6.4.1　通用格式 ·· 108
　　6.4.2　SAR 分组格式 ·· 109
　　6.4.3　SAR 控制域 ·· 110
　　6.4.4　分割 ·· 110
　6.5　PAL 协议分组 ·· 110
　　6.5.1　概述 ·· 110
　　6.5.2　分组控制命令 ·· 111
　　6.5.3　协议分组类型 ·· 111

　　　6.5.4　PAL 命令总汇 ································· 117

　　　6.5.5　PAL 状态码 ··································· 117

　6.6　通用访问应用 ······································· 118

　6.7　通用设备发现 ······································· 119

　　　6.7.1　概述 ··· 119

　　　6.7.2　广播过程 ····································· 122

　　　6.7.3　扫描过程 ····································· 122

　6.8　建立连接 ··· 122

　　　6.8.1　创建连接 ····································· 122

　　　6.8.2　创建加密连接 ································· 124

　　　6.8.3　断开连接 ····································· 125

　　　6.8.4　快速重新连接 ································· 125

　　　6.8.5　刷新超时 ····································· 125

　　　6.8.6　PAL 面向连接信道 ····························· 129

　　　6.8.7　配置 ··· 130

　　　6.8.8　GAP 定时器参数 ····························· 130

　6.9　通用访问应用属性 ··································· 130

　　　6.9.1　Profile UUID ································· 130

　　　6.9.2　Device Name ································· 131

　　　6.9.3　Feature Information ·························· 132

　　　6.9.4　Device Type ································· 133

　　　6.9.5　Vendor and Product Information ·············· 133

　　　6.9.6　Link Layer MTU ····························· 133

　　　6.9.7　Attribute Value Changed ···················· 133

　　　6.9.8　Next Slave Device Address ··················· 134

　　　6.9.9　Next Master Device Address ·················· 134

　6.10　小结 ·· 136

第 7 章　安全服务规范 ······································ 137

　7.1　概述 ··· 137

　7.2　计数器的结构 ······································· 138

7.3　ICV ……………………………………………………………… 139

7.4　密钥建立 ………………………………………………………… 140

7.5　密钥 ……………………………………………………………… 140

　　7.5.1　概述 …………………………………………………… 140

　　7.5.2　私有地址 ……………………………………………… 141

7.6　生成私有地址 …………………………………………………… 142

　　7.6.1　生成一个标准的私有地址 …………………………… 142

　　7.6.2　扩展匹配期间生成私有地址 ………………………… 142

　　7.6.3　解析私有地址 ………………………………………… 143

　　7.6.4　更改私有地址 ………………………………………… 143

　　7.6.5　创建私有 ……………………………………………… 143

7.7　创建加密会话连接 ……………………………………………… 144

　　7.7.1　广播设备创建加密会话连接 ………………………… 144

　　7.7.2　发起设备创建加密会话连接 ………………………… 146

　　7.7.3　密钥更新 ……………………………………………… 148

7.8　匹配和密钥交换 ………………………………………………… 148

　　7.8.1　匹配第 1 阶段 ………………………………………… 149

　　7.8.2　匹配第 2 阶段 ………………………………………… 151

第 8 章　ULP 蓝牙应用前景 ………………………………………… 155

8.1　ULP 蓝牙技术的特点 …………………………………………… 155

8.2　ULP 蓝牙技术的应用 …………………………………………… 157

　　8.2.1　运动安全 ……………………………………………… 157

　　8.2.2　无线办公和移动附件 ………………………………… 157

　　8.2.3　射频遥控器 …………………………………………… 158

　　8.2.4　医疗保健 ……………………………………………… 158

　　8.2.5　其他领域 ……………………………………………… 159

　　8.2.6　应用小结 ……………………………………………… 159

8.3　相关蓝牙芯片 …………………………………………………… 160

　　8.3.1　AS3600 ………………………………………………… 160

　　8.3.2　BCM2048 ……………………………………………… 163

8.4 ULP 蓝牙解决方案 ···································· 164

8.4.1 NL5500 ······································ 165

8.4.2 BlueCore7 ···································· 166

附录 ·· 168

附录 A 配置文件标识符 ································ 168

附录 B 协议列表 ······································ 168

附录 C 设备类型 ······································ 168

附录 D 通信实例 ······································ 169

参考文献 ·· 172

第1章 短距离无线通信技术简介

随着网络及通信技术的飞速发展,无线通信在人们的生活中扮演着越来越重要的角色。短距离无线通信技术正在成为关注的焦点,也意味着个人区域网络的日渐成熟。短距离无线通信技术包括蓝牙、802.11(Wi–Fi)、ZigBee、超宽带(Ultra WideBand)、近距离无线通信(NFC)等,它们都有其立足的特点,或基于传输速度、距离、耗电量的特殊要求,或着眼于功能的扩充性,或符合某些单一应用的特别要求等,对现有的无线长距离通信技术(如 GSM/GPRS、3G、卫星通信技术等)是一个良好的补充。

本章将从无线通信网络讲起,对相关的短距离无线通信技术做一个概括性的介绍,包括各种无线局域网(Wireless Local Area Network,WLAN)标准、蓝牙无线通信标准、移动 Ad Hoc 网络、UWB 技术的基本背景和主要特点,使读者对短距离无线通信网络技术有一个全貌性的了解。

1.1 无线通信网络概述

信息革命到今天,人们越来越离不开通信网络,无论是信息共享、合作伙伴交流,还是移动用户办公,都有网络价值的体现。网络已经渗透到个人、企业以及运营商。现在的网络建设已经发展到无所不在,任何时间、任何地点都可以轻松上网。网络无所不在其实并不简单,光靠光纤、铜缆是不够的,毕竟在许多场合不适合铺设线缆。因此,需要一种新的解决方案使得网络的无所不在能够得以实现,这种解决方案就是无线通信技术。

无线网络由于无需借助电缆和光缆即可实现计算机之间的通信,因此,已经被广泛应用于无法铺设线缆、不便铺设线缆或需要频繁移动的场合。利用无线网络这一特点,也可以使用户迅速建立 Internet 连接。

无线网络不仅可以用于连接局域网,而且还可以直接连接到 Internet,用户甚至可以借助 Internet 及其他公用通信网络建立自己的虚拟专网,实现网络之间的互连。无线网络可以提供的带宽高达 11Mb/s,比 ADSL 还快,无疑是 Internet 宽带接入的又一理想选择。

1

无线网络标准采用 CSMA/CA(带有回避冲突的载波侦听多路存取)的 MAC 方式,同时 IEEE802.11 标准还提供漫游功能等多方面优势,允许 1 台客户机在多个无线子网中漫游,同时还可以在 1 个或多个不同的信道中工作,从而使得无线网络终端如同手机一样能在各网间漫游。为了能够实现多个供应商产品之间的漫游,多家公司合作开发了"接入点互连协议"(Inter Access Point Protocol, IAPP)规范,以实现多家产品的互通、互连、互相兼容,使得漫游能够在不同厂商提供产品的网络间平滑地实现。

1.1.1　无线通信网络的特点

下面将从传输方式、网络拓扑、网络接口 3 个方面来描述无线网的特点。

1. 传输方式

传输方式涉及无线网采用的传输媒体、选择的频段及调制方式。目前无线网采用的传输媒体主要有 2 种,即无线电波与红外线。在采用无线电波作为传输媒体的无线网根据调制方式不同,又可分为扩展频谱方式与窄带调制方式。

1)扩展频谱方式

在扩展频谱方式中,数据基带信号的频谱被扩展至几倍甚至几十倍后,再被搬移到射频发射出去。这一做法虽然牺牲了频带带宽,却提高了通信系统的抗干扰能力和安全性。由于单位频带内的功率降低,对其他电子设备的干扰也减小了。

采用扩展频谱方式的无线局域网一般选择所谓 ISM(Industrial Scientific Medical,工业,科学,医疗设备)频段,这里 ISM 分别取于 Industrial、Scientific 及 Medical 的第 1 个字母。许多工业、科研和医疗设备辐射的能量集中于该频段,例如美国 ISM 频段由 902MHz ~ 928MHz,2.4GHz ~ 2.48GHz,5.725GHz ~ 5.850GHz 3 个频段组成。如果发射功率及带宽辐射满足美国联邦通信委员会(Federal Communication Commission,FCC)的要求,则无需向 FCC 提出专门的申请即可使用 ISM 频段。

2)窄带调制方式

在窄带调制方式中,数据基带信号的频谱不做任何扩展即被直接搬移到射频发射出去。与扩展频谱方式相比,窄带调制方式占用频带少,频带利用率高。采用窄带调制方式的无线局域网一般选用专用频段,需要经过国家无线电管理部门的许可方可使用。当然,也可选用 ISM 频段,这样可免去向无线电管理委员会申请。但带来的问题是:当临近的仪器设备或通信设备也在使用这一频段时,会严重影响通信质量,通信的可靠性无法得到保障。

3）红外线方式

基于红外线的传输技术最近几年有了很大发展,目前广泛使用的家电遥控器几乎都是采用红外线传输技术。作为无线局域网的传输方式,红外线的最大优点是传输不受无线电干扰,且红外线的使用不受国家无线电管理委员会的限制。然而,红外线对非透明物体的透过性极差,这导致传输距离有限。

2. 网络拓扑

无线局域网的拓扑结构可归结为 2 类:无中心或对等式(Peer to Peer)拓扑和有中心(HUB-Based)拓扑。

1）无中心拓扑

无中心拓扑的网络要求网中任意 2 个站点均可直接通信。采用这种拓扑结构的网络一般是用公用广播信道,各站点都可竞争公用信道,而信道接入控制(MAC)协议大多采用 CSMA(载波监测多址接入)类型的多址接入协议。

这种结构的优点是网络抗毁性好、建网容易,且费用较低。但当网络中用户数(站点数)过多时,信道竞争成为限制网络性能的要害,并且为了满足任意 2 个站点可直接通信,网络中站点布局受环境限制较大。因此,这种拓扑结构适用于用户相对较少的工作群网络规模。

2）有中心拓扑

在有中心网络拓扑结构中,要求一个无线站点充当中心站,所有站点对网络的访问均由其控制。这样,当网络业务量增大时,网络吞吐性能及网络时延性能的恶化并不剧烈。由于每个站点只需在中心站覆盖范围之内就可与其他站点通信,故网络中点站布局受环境限制亦小。此外,中心站为接入有线主干网提供了一个逻辑接入点。

有中心网络拓扑结构的弱点是抗毁性差,中心点的故障容易导致整个网络瘫痪,并且中心站点的引入增加了网络成本。

在实际应用中,无线网往往与有线主干网络结合起来使用。这时,中心站点充当无线网络与有线主干网络的转接器。

3. 网络接口

这涉及无线网络中站点从哪一层接入网络系统。一般来讲,网络接口可以选择在 OSI 参考模型的物理层或数据链路层。

所谓物理层接口指使用无线信道替代通常的有线信道,而物理层以上各层不变。这样做的最大优点是上层的网络操作系统及相应的驱动程序可不做任何修改。这种接口在使用时一般作为有线网络的集线器和无线转发器,以实现有线局域网间互连或扩大有线局域网的覆盖面积。另一种接口方法是从数据链路层接入网络。这种接口方法并不沿用有线局域网的 MAC 协议,而采用更适合无线传输环境的 MAC 协议。在实现时,MAC 层及其以下各层对上层是透明的,配置相应的驱动程序来完成上层的接口,这样可保证现有的有线局域网操作系统或应用软件可在无线局域网上正常运转。

目前,大部分无线局域网厂商都采用数据链路层接口方法。

1.1.2 无线通信网络的种类

无线通信网络解决方案包括:无线个人网(Wireless Personal Area Nerwork,WPAN)、无线局域网、无线 LAN–to–LAN 网桥、无线城域网(Wireless Metropolitan Area Network,WMAN)和无线广域网(Wireless Wride Area Network,WWAN),如图 1.1 所示。

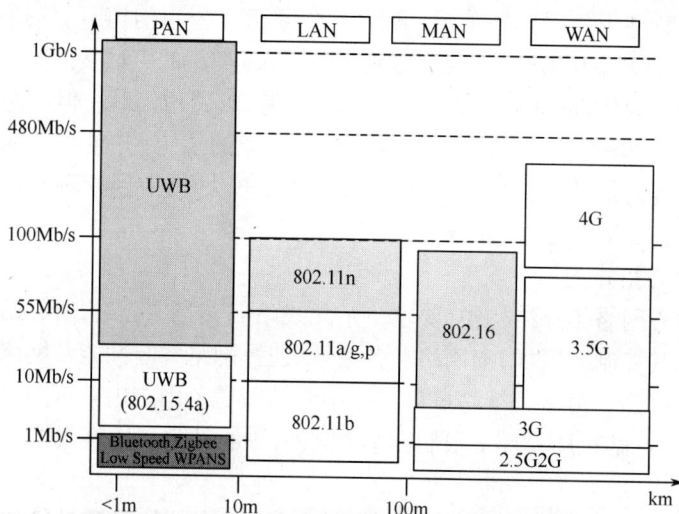

图 1.1　无线网络分类及其相关技术

无线个人网:是在个人周围空间形成的无线网络,现通常指覆盖范围在 10m 以内的短距离无线网络。主要用于个人用户工作空间,典型距离为覆盖几米,可以与计算机同步传输文件,访问本地外围设备,如打印机等。目前主要技术包括蓝牙(Bluetooth)和红外(IrDA)。

无线局域网:从广义上讲,凡是通过无线介质在一个区域范围内连接信息设备共同构成的网络都可以称之为无线局域网。主要用于宽带家庭、大楼内部以及园区内部,典型距离覆盖为几十米至上百米,目前主要技术为 802.11 系列。

无线城域网:实现整个城市范围的覆盖,为用户提供宽带的 Internet 接入。目前,WiMAX(World Interoperability for Microwave Access)技术是主要的无线城域网接入技术。

无线广域网:覆盖范围在几千米,目前的蜂窝网络,包括 2G、3G 以及 3G 增强型技术是实现广域覆盖的主要无线接入技术。各种无线接入技术定位不同,呈现出优势互补的特点,但也存在部分替代性,从而引发了不同阵营间的激烈竞争。相关标准组织及技术联盟也在大力推进其发展,芯片厂商及设备商的参与使竞争更为激烈。

1.2 短距离无线通信网络的发展

近几年,以第 3 代移动通信技术(3G)为核心,全球范围内的无线通信技术发展每年都有新的进展,部分原来停留于技术层面的技术已经逐渐开始商用化,这些对于原有的以 2G 或 2.5G 为核心的无线通信技术对市场产生了重要的影响,正在推动全球无线通信向着以 3G 为核心的新技术与市场体系演变。由此带来电信运营服务提供商、电信设备商以及信息内容提供商等围绕着新技术的新一轮投资热潮,新的商业模式和服务方式虽然还未完全成形,但已经开始形成一定的影响力。在某些国家或组织,第 4 代通信系统(4G 系统)的研发也已经在积极地开展。随着计算机网络及通信技术的飞速发展,人们对无线通信的要求越来越高,在同一幢楼内或在相距咫尺的地方同样也需要无线通信。因此,短距离无线通信技术应运而生。短距离无线通信技术可以满足人们对低价位、低功耗、可替代电缆的无线数据网络和话音链路的需求。这种短距离的无线通信作为未来通信系统的重要组成部分,其应用也渗透到了个人网、局域网、广域网等多个领域。

在各种无线短距离通信技术迅速发展的今天,网络的融合也是大势所趋,未来的无线通信网络将是一个综合的一体化的解决方案。各种无线通信技术都将在这个一体化的网络中发挥自己的作用,找到自己的位置。从大范围公众移动通信来看,3G 或超 3G 技术将是主导,从而形成对全球的广泛无缝覆盖;而WLAN、ZigBee、UWB 等短距离无线通信技术将因自己不同的技术特点,在不同覆盖范围或应用区域内与公众移动通信网络形成有效互补。更远的未来,通信信息网络将向下一代网络(NGN)融合。在未来 NGN 概念中,固定网络将形成一个高宽带、IP 化、具有强 QoS 保证的信息通信网络平台。在这一平台上,各种接入手段将成为网络的触手,向各个应用领域延伸。而 3G、宽带固定无线接入、各种无线局域网或城域网方案都将成为 NGN 平台的延伸部分,从而形成集固定无线手段于一体,各种接入方式综合发挥效用,各种业务形成全网络配置的一体化综合网络[1]。无线通信技术的演进过程如图 1.2 所示。

短距离无线通信网络的通信距离短,较之长距离无线通信网络技术,短距离

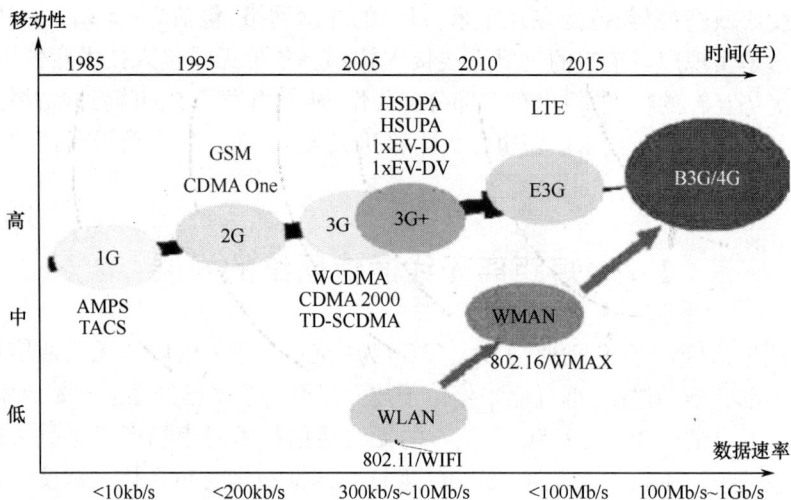

图 1.2   无线通信技术的演进

无线通信网络技术以牺牲通信距离为代价,为用户提供更高的数据传输速率、更低的成本和更大的服务范围。一般来说,称几十米或 100m 内的通信距离为短距离的通信范围。实际上,短距离无线通信系统的通信距离并不是一个固定的值,学术界对此并没有严格的定义。图 1.3 为通信距离与通信网络技术的示意图。

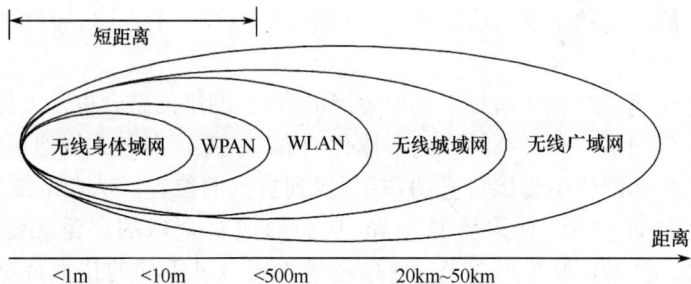

图 1.3   通信距离与通信网络技术的关系

短距离无线通信的历史并不短,但直到近 10 年才发展到标准级的网络技术。典型的短距离无线系统由一个无线发射器(包括数据源、调制器、RF 源、RF 功率放大器、天线、电源)和一个无线接收器(包括数据接收电路、RF 解调器、译码器、RF 低噪声放大器、天线、电源)组成。随着无线通信的发展,网络化、标准化要求逐渐出现在人们的面前。因此,各种无线网络技术标准纷纷被制定出来。表 1.1 列出了几种主要标准的发展时间及主要特点。

6

表 1.1　短距离无线通信的发展过程与特点

标准或技术	推出时间	典型通信距离/m	最大数据传输速率/(Mb/s)
802.11	1997.6	100	2
802.11b	2000.10	100	11
802.11a	1999	50	54
802.11g	2001.11	100	54
蓝牙1.1	2001.2	10	1
HomeRF	1998	100	1.6
HiperLAN2	2002.2	30	54
IrDA	1994.6	2	16
MANET	1970(大约)	10~100	1(大约)
UWB	2002.4	10	100~200
ZigBee	2001.8	100	0.25
NFC	2004.4	0.2	0.424

　　尽管各种短距离通信技术应用"百舸争流",但面向未来,不同技术的互补和融合将成为大势所趋,只有准确把握短距离无线通信产业发展的大势,找准不同技术的定位,并以市场需求为导向,理性务实地予以推进,短距离无线通信产业才会迎来更加美好的未来。

1.3　典型的短距离无线通信网络技术

　　一般来讲,短距离无线通信技术分为高速短距离无线通信和低速短距离无线通信2类。高速短距离无线通信最高数据速率大于100Mb/s,通信距离小于10m;低速短距离无线通信的最低数据速率小于1Mb/s,通信距离小于100m。

　　目前使用较广泛的短距离无线通信技术有蓝牙、无线局域网802.11(Wi-Fi)和红外数据传输。同时还有一些具有发展潜力的短距离无线技术标准,它们分别是:ZigBee、超宽带、DECT、无线1394和专用无线系统等。

　　本节将对几种典型的短距离无线通信技术做一个简要描述,使读者对短距离无线通信网络的主要技术有一个总体的认识和了解。

1.3.1　蓝牙

　　蓝牙技术近几年才出现,是广受业界关注的短距离无线连接技术。它是一种无线数据与话音通信的开放性全球规范,它以低成本的短距离无线连接为基础,可为固定的或移动的终端设备提供廉价的接入服务。蓝牙技术是一种无线数据与话音通信的开放性全球规范,其实质内容是为固定设备或移动设备之间的通信环境建立通用的短距离无线接口,将通信技术与计算机技术进一步结合起来,使各种设备在没有电线或电缆相互连接的情况下,能在短距离范围内实现相互通信或操作。其传输频段为全球公众通用的 2.4GHz ISM 频段,提供 1Mb/s 的传输速率和 10m 的传输距离。

蓝牙技术诞生于 1994 年,Ericsson 当时决定开发一种低功耗、低成本的无线接口,以建立手机及其附件间的通信。该技术还陆续获得 PC 行业界巨头的支持。1998 年,蓝牙技术协议由 Ericsson、IBM、Intel、NOKIA、Toshiba 等 5 家公司达成一致。

蓝牙协议的标准版本为 802.15.1,由蓝牙小组(SIG)负责开发。802.15.1 的最初标准基于蓝牙 1.1 实现,后者已构建到现行很多蓝牙设备中。新版 802.15.1a 基本等同于蓝牙 1.2 标准,具备一定的 QoS 特性,并完整保持后向兼容性。蓝牙小组于 2005 年宣布采用蓝牙核心规范 2.0 版本及更高数据传输速率(EDR)。新规范使其数据传输速率提高 2 倍,并降低了功耗,从而延长电池的使用时间。由于带宽增加,新规范提高了设备同时进行多项任务处理、同时连接多个蓝牙设备的能力,并使传输范围可达 100m,最高速率达到 10Mb/s。新的蓝牙 2.0 + EDR 核心规范得到 Broadcom、CSR 和 RF Micro Devices 等厂商的支持,其中 Broadcom 已经推出了业界首款采用 EDR 技术的 0.13μm 工艺制造的单片蓝牙收发器 BCM2045。此外,苹果公司的新款 PowerBook G4 笔记本电脑是第一款支持蓝牙 2.0 + EDR 技术的电脑。未来的蓝牙技术速率将继续提升,图 1.4 所示为蓝牙技术标准的演进过程。

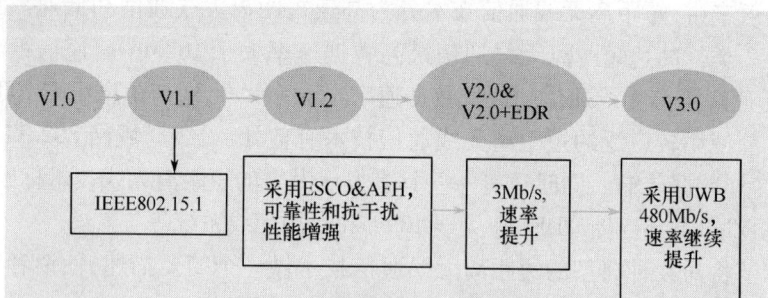

图 1.4 蓝牙技术标准的演进过程

蓝牙技术发展的最大障碍是成本太高,突出表现在芯片大小和价格难以下调并存在抗干扰能力不强、传输距离太短、信息安全等问题,这就使得许多用户不愿意花大价钱来购买这种无线设备。因此,蓝牙的市场前景取决于蓝牙价格

8

和基于蓝牙的应用是否能达到一定的规模。

蓝牙系统主要有以下特点：

(1)工作在 2.4 GHz 的 ISM 频段,工作频段无需申请许可。

(2)当发射功率为 1mW 时, 通信距离可以达到 10 m ,发射功率为 100 mW 时,通信距离可达 100m。

(3)使用 1Mb/s 速率以达到最大限制带宽。

(4)使用快速调频(1600 跳/s) 技术抗干扰。

(5)在干扰下,使用短数据帧尽可能增大容量。

(6)快速确认机制能在链路情况良好时实现较低的编码开销。

(7)采用 CVSD 话音编码,可在高误码率下使用。

(8)灵活帧方式支持广泛的应用领域。

(9)宽松链路配置支持低价单芯片集成。

(10)严格设计的空中接口使功耗最小。

(11)发射功率自适应,低干扰。

(12)采用灵活的无基站组网方式,使得一个蓝牙单元同时最多可以和 7 个其他的蓝牙单元通信,同时支持点对点和一点对多点的连接。

在业务的支持上,蓝牙规范同时支持数据业务和话音业务的传输,即同时支持异步方式(ACL)与同步方式(SCO)。

在工作模式上,蓝牙设备可以有 2 种选择,即主设备(Master)方式和从设备(Slave)方式。主设备负责设定调频序列,从设备必须与主设备保持同步;主设备负责控制主从之间的业务传输时间与速率。

在组网方式上,蓝牙规范支持微微网(Piconet)和散射网(Scatternet)2 种模式,但对前者,一个主设备所支持的活跃从设备数不超过 7 个。多个微微网可以通过节点桥接的方式构成散射网,但蓝牙规范并没有对散射网构成的细节加以定义。

蓝牙协议栈结构如图 1.5 所示,就其工业实现而言,蓝牙标准可以分为硬件和软件 2 部分,硬件部分包括射频/无线电协议、基带/链路控制器协议和链路管理器协议(LMP),一般是做成一个芯片。软件部分则包括逻辑链路控制与适配协议及其以上的所有部分。硬件和软件之间通过主机控制器接口协议(HCI)进行连接,也就是说 HCI 在硬件和软件中都有,两者提供相同的接口进行通信。图 1.5 中

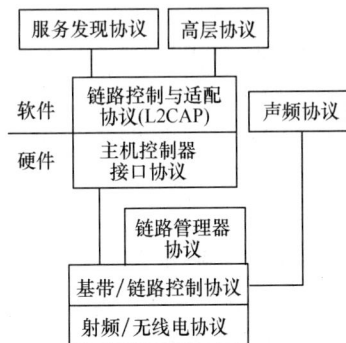

图 1.5 协议栈结构图

的高层协议包括:串口通信协议(RFCOMM);电话控制协议(TCS);对象交换协议(OBEX);控制命令(AT Command)、vGard 和 vCalender 电子商务表中的协议;PPP、IP、TCP、UDP 等与因特网相关的协议以及 WAP 协议。

1.3.2 ZigBee

ZigBee 主要应用在短距离范围之内并且数据传输速率不高的各种电子设备之间。ZigBee 名字来源于蜂群使用的赖以生存和发展的通信方式,蜜蜂通过跳 ZigZag 形状的舞蹈来分享新发现的食物源的位置、距离和方向等信息。

ZigBee 联盟成立于 2001 年 8 月,2002 年下半年,Invensys、Mitsubishi、Motorola 以及 Philips 半导体公司 4 大巨头共同宣布加盟 ZigBee 联盟,以研发名为 ZigBee 的下一代无线通信标准。到目前为止,该联盟大约已有 27 家成员企业。所有这些公司都参加了负责开发 ZigBee 物理和媒体控制层技术标准的 IEEE 802.15.4 工作组。

ZigBee 联盟负责制定网络层以上协议。目前,标准制定工作已完成。ZigBee 协议比蓝牙、高速率个人区域网或 802.11x 无线局域网更为简单实用。

ZigBee 可以说是蓝牙的同族兄弟,它使用 2.4GHz 频段,采用跳频技术。与蓝牙相比,ZigBee 更简单、速率更慢、功率及费用也更低。它的基本速率是 250kb/s,当降低到 28kb/s 时,传输范围可扩大到 134m,并获得更高的可靠性。另外,它可与 254 个节点连网。可以比蓝牙更好地支持游戏、消费电子、仪器和家庭自动化应用。人们期望能在工业监控、传感器网络、家庭监控、安全系统和玩具等领域拓展 ZigBee 的应用。

ZigBee 技术特点主要包括以下几个部分:

(1)数据传输速率低。只有 10kb/s～250kb/s,ZigBee 技术专注于低传输应用。

(2)功耗低。在低耗电待机模式下,2 节普通 5 号干电池可使用 6 个月以上,这也是 ZigBee 的支持者一直引以为豪的独特优势。

(3)成本低。因为 ZigBee 数据传输速率低、协议简单,所以大大降低了成本。积极投入 ZigBee 开发的 Motorola 以及 Philips,均已在 2003 年正式推出芯片,Philips 预估,应用于主机端的芯片成本和其他终端产品的成本比蓝牙更具价格竞争力。

(4)网络容量大。每个 ZigBee 网络最多可支持 255 个设备,也就是说每个 ZigBee 设备可以与另外 254 台设备相连接。

(5)有效范围小。有效覆盖范围为 10m～75m,具体依据实际发射功率的大小和各种不同的应用模式而定,基本上能够覆盖普通的家庭或办公室环境。

10

(6)工作频段灵活。使用的频段分别为2.4GHz、868MHz(欧洲)及915MHz(美国),均为免执照频段。

相对于常见的无线通信标准,ZigBee协议栈紧凑简单,具体实现要求很低,只要8位处理器再配上4KB ROM和64KB RAM等,就可以满足其最低需要,从而大大降低了芯片的成本。完整的ZigBee协议栈模型如图1.6所示。

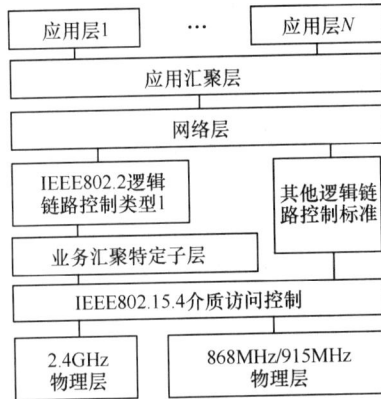

图1.6 ZieBee协议栈结构图

ZigBee协议栈由高层应用规范、应用汇聚层、网络层、数据链路层和物理层组成,网络层以上的协议由ZigBee联盟负责,IEEE则制定物理层和链路层标准。应用汇聚层把不同的应用映射到ZigBee网络上,主要包括安全属性设置和多个业务数据流的汇聚等功能。网络层将采用基于Ad Hoc技术的路由协议,除了包含通用的网络层功能外,还应该与底层的IEEE802.15.4标准同样省电。另外,还应实现网络的自组织和自维护,以最大程度地方便消费者使用,降低网络的维护成本。

1.3.3 Wi-Fi

无线高保真(Wireless Fidelity,Wi-Fi)也是一种无线通信协议,正式名称是IEEE802.11b,与蓝牙一样,同属于短距离无线通信技术。Wi-Fi速率最高可达11Mb/s。虽然在数据安全性方面比蓝牙技术要差一些,但在电波的覆盖范围方面却略胜一筹,可达100m左右。

Wi-Fi是以太网的一种无线扩展,理论上只要用户位于一个接入点四周的一定区域内,就能以最高约11Mb/s的速度接入Web。但实际上,如果有多个用户同时通过一个点接入,带宽被多个用户分享,Wi-Fi的连接速度一般只有每秒几十万比特,且信号不受墙壁阻隔,但在建筑物内的有效传输距离小于户外。

WLAN 未来最具潜力的应用将主要在 SOHO、家庭无线网络以及不便安装电缆的建筑物或场所。目前这一技术的用户主要来自机场、酒店、商场等公共热点场所。Wi-Fi 技术可将 Wi-Fi 与基于 XML 或 Java 的 Web 服务融合起来，可以大幅度减少企业的成本。例如企业选择在每一层楼或每一个部门配备 802.11b 的接入点，而不是采用电缆线把整幢建筑物连接起来。这样一来，可以节省大量铺设电缆所需花费的资金。

最初的 IEEE802.11 规范是在 1997 年提出的，称为 802.11b，主要目的是提供 WLAN 接入，也是目前 WLAN 的主要技术标准，它的工作频率也是 2.4GHz，与无绳电话、蓝牙等许多不需频率使用许可证的无线设备共享同一频段。随着 Wi-Fi 协议新版本如 802.11a 和 802.11g 的先后推出，Wi-Fi 的应用将越来越广泛。速度更快的 802.11g 使用与 802.11b 相同的正交频分多路复用调制技术。它工作在 2.4GHz 频段，速率达 54Mb/s。根据最近国际消费电子产品的发展趋势判断，802.11g 将有可能被大多数无线网络产品制造商选择作为产品标准。

微软推出的桌面操作系统 WindowsXP 和嵌入式操作系统 WindowsCE，都包含了对 Wi-Fi 的支持。其中，WindowsCE 同时还包含对 Wi-Fi 的竞争对手蓝牙等其他无线通信技术的支持。由于投资 802.11b 的费用降低，许多厂商介入这一领域。Intel 推出了集成 WLAN 技术的笔记本电脑芯片组，不用外接无线网卡，就可实现无线上网。

1.3.4　IrDA 技术

红外线数据协会（Infrared Data Association，IrDA）成立于 1993 年。起初，采用 IrDA 标准的无线设备仅能在 1m 范围内以 115.2 kb/s 速率传输数据，很快发展到 4Mb/s 以及 16Mb/s 的速率。

IrDA 是一种利用红外线进行点对点通信的技术，是第一个实现无线个人局域网的技术。目前它的软硬件技术都很成熟，在小型移动设备，如 PDA、手机上广泛使用。事实上，当今每一个出厂的 PDA 及许多手机、笔记本电脑、打印机等产品都支持 IrDA。

IrDA 的主要优点是无需申请频率的使用权，因而红外通信成本低廉。并且还具有移动通信所需的体积小、功耗低、连接方便、简单易用的特点。此外，红外线发射角度较小，传输上安全性高。

IrDA 的不足在于它是一种视距传输，2 个相互通信的设备之间必须对准，中间不能被其他物体阻隔，因而该技术只能用于 2 台（非多台）设备之间的连接。

而蓝牙就没有此限制,且不受墙壁的阻隔。IrDA 目前的研究方向是如何解决视距传输问题及提高数据传输率。

IrPHY 、IrLAP 、IrLMP 和 TinyTP(小传输协议)是目前 IrDA 平台核心所定义的规范,也是常说的 IrDA 或 IrDA1. X 平台。该平台扩展了 3 次,其中包括:

(1)数据传输速率从 115kb/s 增加到 1. 152Mb/s、4Mb/s 和 16Mb/s。

(2)包括了短距离、低功耗选项,以适应移动电话电池能量有限的限制。

为了能够提供各种应用之间的互操作性,该标准组织又在 IrDA1. X 平台上定义了一些新的协议和业务,主要包括[2]:

(1)IrCOMM:在 IrDA 之上提供串行和并行接口仿真。

(2)IrLAN:提供与 802. 11 类型的 WLAN 的无线接入。

(3)IrOBEX:提供简单数据对象交换。

(4)IrTRAN – P:提供数字静态图像摄像机、照片打印机和微机等之间的图像数据交换。

(5)IrMC:定义包括蜂窝电话类的 IrDA 相关规范的子集。

(6)IrJetSend:描述对于网络设备与 IrDA 平台交互,如何绑定 HP JetSend协议。

截至目前,IrDA 为各种短距离的无线应用提供了灵活的平台,预计该技术将会在未来得到更广泛的应用。

图 1.7 所示为 IrDA 协议结构。

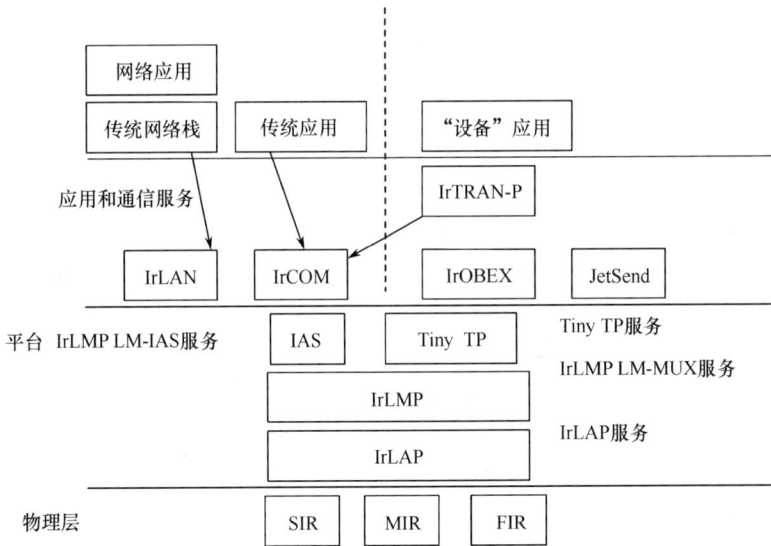

图 1.7　IrDA 协议结构

1.3.5 NFC

NFC 是由非接触式识别和互连技术演变来的、在十几厘米的范围内实现无线数据传输的一种技术。它融合了非接触式射频识别(RFID)技术和无线互连技术,在单一芯片上集成了非接触式读卡器、非接触式智能卡和点对点的功能,使用 13.56MHz 频段,实现 106kb/s ~ 6780kb/s 的无线数据传输[3]。NFC 可用于快速建立各种设备间的无线连接,同时可以起到虚拟连接器的作用。使用者手持 NFC 手机或掌上电脑(PDA)等个人便携式终端,就能在十几厘米的短距离内不用登入计算机网络系统,可与任何电子设备以简便、安全的方式进行个人与电子设备间的短距离无线通信,实现简便、安全地交换信息或移动电子商务的功能。它能通过移近 2 个设备,设置和初始化蓝牙和 802.11 等无线协议,使设备能在更远的距离内或以更高的速率传输数据。由于 NFC 单芯片解决方案是一个开放式的平台,它既可以进行快速的无线网络自组,同时又可作为移动通信、蓝牙或无线 802.11 等现有设备的虚拟连接器,所以除了信息传输之外,还可以建立网络,实现电子商务(如电子消费、电子票证等)中电子钱包的功能,覆盖了购物、旅游、娱乐、数据交换等多个领域,极大地改变消费行为的电子化程度,其应用将大大超出智能卡范畴,为消费者引入各种服务的方法带来革命性的变化。

1. 传输速率

NFC 支持有源和无源 2 种传输模式,传输数据速率为 106kb/s ~ 6780kb/s。NFC 设备在传输数据时必须通过有关通信协议选定一种通信模式和传输数据速率,在数据传输过程中,选定的通信模式和传输数据速率不能改变。

2. 调制技术

在 NFC 技术规范中:低速传输(小于 424kb/s)时都是采用振幅键控(Amplitude Shift Keying,ASK)调制技术,但对于不同的传输速率具体的调制参数是不同的;对于高速传输(大于 424kb/s)时的调制技术目前还没有做出具体的规定。

3. 编码技术

NFC 的编码包括信源编码和纠错编码 2 部分。在低速传输时采用密勒(Miller)码或曼彻斯特(Manchester)码进行编码;而高速传输时的编码方法目前还没有选定。纠错编码采用循环冗余校验法。所有的传输比特,包括数据比特、校验比特、起始比特、结束比特以及循环冗余校验比特都要参加循环冗余校验。由于编码是按字节进行的,因此总的编码比特数应该是 8 的倍数,循环码的码多项式为

14

$$g(x) = 16x + 12x + 5x = 1$$

当然不同的传输速率移存器的初始值是不同的。

4. 防冲突机制

为了防止干扰正在工作的其他 NFC 设备(包括工作在此频段的其他电子设备),任何 NFC 设备在呼叫前都要进行系统初始化以检测周围的射频场。当周围 NFC 频段的射频场小于规定的门限值(0.1875A/m)时,该 NFC 设备才能呼叫。如果在 NFC 射频场范围内有 2 台以上 NFC 设备同时开机的话,则需要采用单用户检测来保证 NFC 设备点对点通信的正常进行。单用户识别主要是通过检测 NFC 设备识别码或信号时隙完成的。

5. 传输协议

NFC 传输协议包括 3 个过程,即激活协议、数据交换、协议关闭。协议的激活包含属性的申请和参数的选择,激活的流程分为主动模式和被动模式 2 种;数据交换协议的帧结构中,包头包括 2B 的数据交换请求与响应指令、1B 的传输控制信息、1B 的设备识别码、1B 的数据交换节点地址;协议关闭包含信道的拆线和设备的释放。在数据交换完成后,主呼可以利用数据交换协议进行拆线。一旦拆线成功,主呼和被呼都回到了初始化状态。主呼可以再次激活,但是被呼不再响应主呼的属性请求指令,而是通过释放请求指令切换到刚开机的原始状态。

6. 通信模式

NFC 工作于 13.56MHz 频段,支持主动和被动 2 种工作模式和多种传输数据速率,如表 1.2 所列。在主动模式下,主呼和被呼各自发出射频场来激活通信,在被动工作模式下,如果主呼发出射频场,被呼将响应并且装载一种调制模式激活通信。也就是说在一对 NFC 通信设备中(主呼和被呼),至少有一方是主动的。

表 1.2　NFC 传输模式与数据速率

序号	模式	传输速率 $R/(\text{kb/s})$	乘数因子 D
1	主动或被动	106	1
2	主动或被动	212	2
3	主动或被动	424	4
4	主动	847	8
5	主动	1695	16
6	主动	3390	32
7	主动	6780	64

NFC设备在传输有效数据前必须先通过有关协议选定一种通信模式和传输数据速率,在数据传输过程中,选定的通信模式和传输数据速率不能改变。数据传输速率 R 与射频 f_c 之间的关系为

$$R = \frac{f_c \cdot D}{128}(\text{kb/s})$$

式中:D 是一个乘数因子。

7. 帧结构

不同的传输速率具有不同的帧结构。在模式1中,帧结构分为短帧、标准帧和检测帧3种。

短帧:短帧用在系统的初始化过程中,由起始位、7位指令码、结束位组成。指令码包括阅读请求、阅读响应、唤醒请求、单用户设备检测请求、选择请求、选择响应以及休眠请求等。

标准帧:标准帧用在数据的交换过程中,由起始位、$n \times 8$ 数据比特、n 位奇校验比特、结束位组成,如表1.3所列。其中 n 是一个随机产生的整数,它决定了有效数据的长度。

表1.3　标准帧结构

	字节0	校验码	字节1	检验码	…	字节n	校验码	
起始位	8位	1位	8位	1位		8位	1位	结束位
	指令或数据		数据		…	数据		

检测帧:检测帧是用在单用户检测过程中的,以保证点对点通信的进行。检测帧由一个7B的标准帧一分为二而成,其中第1部分是由主呼传至被呼,第2部分是由被呼至主呼。

模式2、模式3的帧结构比较简单,其中,前导符至少要有48位的"0"信号;同步标志有2个字节,第1个字节的同步码为"B2",第2个字节的同步码为"4D";数据长度是1个8位码,它表示有效传输数据的字节数。

综合来看,作为一种近距离无线通信技术,NFC具有一些明显的优点,如功耗极小、安全性较好,同时速率一般能满足2个设备之间点对点信息交换、内容访问和服务交换的需求,对于声频、视频流等需要较高带宽的应用,可以配合蓝牙、无线局域网等技术,提供一个方便自动的接入功能。拥有NFC功能的电子设备通过射频信号自动识别数据,信息之间可以互换,为消费者实现使用简便、免安装设定、现场立即联机、智能化传输数据等功能,完全符合现代消费者的需求[4]。NFC技术的应用前景十分广阔,但尚处于发展的初级阶段。

16

1.3.6 UWB

超宽带技术 UWB 是一种无线载波通信技术,它不采用正弦载波,而是利用纳秒级的非正弦波窄脉冲传输数据,因此其所占的频谱范围很宽。

UWB 技术并不是一种崭新的技术,早在 20 世纪 60 年代就已用在美国军方的雷达、定位和通信系统中。最初的 UWB 技术不使用载波,而是利用纳秒到皮秒级的非正弦波窄脉冲传输数据。由于 UWB 采用跳时扩频信号,系统具有较大的处理增益,在发射端可将微弱的脉冲信号分散到宽阔的频带上,输出功率甚至低于普通设备的噪声,所以 UWB 技术具有较强的抗干扰性。UWB 可支持很高的数据速率,从每秒几千万比特到几亿比特,而且发射功率小、耗电少。

目前 UWB PHY 和 MAC 层的标准化工作主要在 IEEE802.15.3a 和 IEEE802.15.4a 中进行,其中 IEEE802.15.3a 工作组负责高速 UWB,而 IEEE802.15.4a 负责低速 UWB。

1. 高速 UWB

IEEE802.15.3a 标准化的众多物理层技术中,目前主要包括 2 大技术阵营:一个是以 Intel 和 TI 为代表的多频带 OFDM(MB – OFDM),将频谱以 500MHz 带宽大小进行分割,在每个子频带上采用 OFDM 技术;另一个是以 Motorola 和 Freescale 为代表的直接序列 UWB(DS – UWB),采用传统脉冲无线电方案。这 2 种方案都工作在 FCC 分配的 3.1GHz ~ 10.6GHz 的免许可频段,但两者有不同的频段划分。

MB – OFDM 将该频带划分为 13 个频段,每个频段 528MHz 用来发送 128 点的 OFDM 信号,每个子载波占用 4MHz 带宽。根据目前的需要和硬件实现水平,采用 3 带方式(使用子频带 1 ~ 3 和 6 ~ 9)2 种子频带配置方式,MB – OFDM 方案的发射端框架如图 1.8 所示。

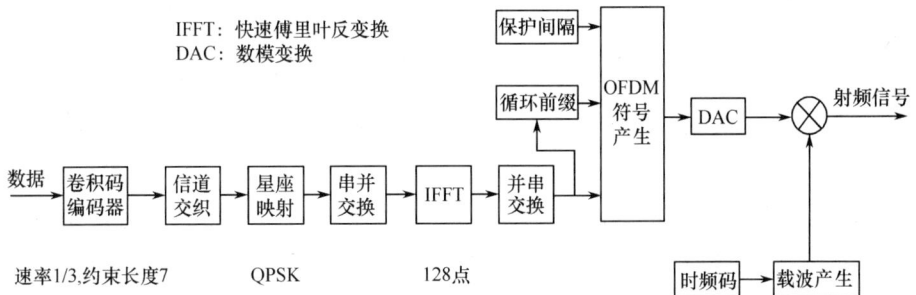

图 1.8　MB – OFDM 超宽带系统发射端框架

17

DS – UWB 将频带分为 2 个频段,即 3.1GHz ~ 4.85GHz 和 6.2GHz ~ 9.7GHz,在高、低 2 个频段中基带信号扩频到整个带宽。而为了避免使用 U – NII 频段的其他系统,高、低 2 个频段之间的部分没有使用。2 个 DS – UWB 信号占用的带宽远大于 MB – OFDM 信号的带宽,所以更容易达到很低的功率谱密度,DS – CDMA 系统的发射框架如图 1.9 所示。

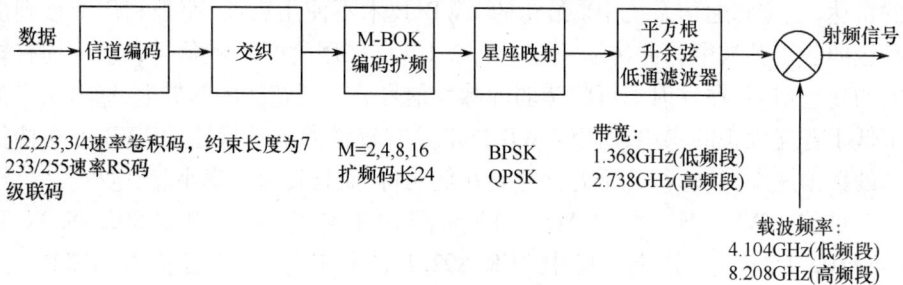

图 1.9   DS – CDMA 系统发射端框图

IEEE802.15.3a 高速 UWB 的上层协议由 WiMedia Alliance 负责。最近 WiMedia Alliance 与多频带 OFDM 联盟(MBOA)合并。WiMedia 联盟和 MBOA 均为行业小组,而且有几乎相同的成员和相似的使命,他们的结合将可以显著提高开发超宽带标准和互操作性的效率。

2. 低速 UWB

IEEE802.15.4a 是作为 802.15.4 的一个补充,其物理层的标准可能采用低速 UWB 技术。在 2005 年 3 月的 IEEE802 全体会议 WPAN 标准化分会期间,将 26 项提案整合为 6 个技术方案,达成了一个"单一提案"。就目前来看,要实现这 6 项方案的真正融合还需要一段时间。

UWB 技术具有系统复杂度低、发射信号功率谱密度低、对信道衰落不敏感、截获能力低、定位精度高等优点,尤其适用于室内等密集多径场所的高速无线接入,非常适于建立一个高效的无线局域网或无线个人网。

1.4   短距离无线通信网络的应用

随着个人通信消费电子产品的迅猛发展,短距离无线通信技术也正朝着更快、更方便、更安全有效的方向快速发展。其在 Intel 接入、信息家电、移动办公、工业化等各个领域得到了广泛运用。如今,短距离无线通信网络的应用并不是受制于技术,而是受制于人的想象与开发。下面就目前主流的几种短距离无线通信技术进行综述,剖析其技术特点及应用领域。

18

1. 蓝牙技术的应用

尽管开发蓝牙技术的初衷是用于取代移动或固定电子设备之间的连接电缆,但其特有的一些优势,如功耗低、体积小以及良好的抗干扰能力,使其应用范围大大扩大,而且还将继续扩展。美国市场研究公司 In – Stat/MDR 于 2003 年 5 月发表的一份报告指出,垂直市场将为蓝牙技术提供大量机会,这些市场包括医疗保健、政府机关、移动电子商务、服务业、交通、通信、公用事业、制造业、矿业和零售业[6]。

蓝牙技术自诞生以来,其作为"驱动新经济的引擎"[7]受到了很多公司和科研机构的重视,基于蓝牙芯片的各种蓝牙产品和蓝牙手机、蓝牙数码相机、蓝牙耳机、蓝牙 MP3 等也越来越多。随着蓝牙技术的进一步发展和其价格的低廉化,今后还将实现家庭无线网(Wireless Home)[8]和个人无线网[9]。

然而,目前蓝牙技术的应用主要局限在通信、电子等领域。其他领域的制造商和科研工作者逐渐认识到蓝牙这一新兴技术将给社会带来巨大的变革。根据蓝牙目前的发展状况和未来发展前景,蓝牙的应用将有更广阔的市场。以下举例说明几种蓝牙技术潜在的应用。

1)儿童监护跟踪设备

在人群密集和流动性大的公共场合,经常会发生儿童迷路或走失的情况。基于蓝牙技术的儿童监护跟踪设备,可以有效地避免这些情况的发生。在公共场合,父母佩戴一个主蓝牙标签,给儿童佩戴一个从标签,就可以随时了解孩子的位置。当儿童离开父母超过预先设置的距离时,蓝牙主标签会发出一个警告给父母,并且可以定位从标签的位置。蓝牙电子标签可以做成胸章、手镯和挂件等便于携带。

丹麦 BlueTags 公司于 2003 年 5 月开发成功的应用于公共场合的蓝牙标签 BTBT002(可贴在衣服上)、BTBT004(可戴在手腕上)以及相应的跟踪软件 Ichnos,于 2003 年 7 月在丹麦的 Aalborg 动物园开始投入使用,这也是全世界第 1 个投入使用的基于蓝牙的儿童监护跟踪系统[10]。

2)无线抄表系统

目前的人力手工抄表方式工作量大、准确度低,且只能 1 个月左右反映 1 次用电情况,其信息反馈速度相对于电力调度的瞬间操作远远滞后,因而无法实现高低峰的电价应有所不同的要求。而红外自动抄表方案是将数字电表的用电量信息用红外传输方式,通过电话线或局域网传输到接收端。此种方案使用电话线传输不可能做到实时,且接收端所需的 Modem 等费用过高。采用蓝牙技术和有线电视设备相结合既可以避免出现上述问题,又能较好地实现实时控制。先将计费电表的直流信号通过加载的蓝牙芯片无线传输到 CATV 线路中的上行信道,通过遍布城乡的 CATV 网络,直接传输到物业公司或电业管理的调度部门后,再重新解调出数字信号,便可输入到计算机中完成网上任一用户的电费自动查询,当然,也可以与现有的电费收费网络系统相连接,以及与电网的调度指挥中心相连接成一个完整的用电管理网络。

3)基于蓝牙的医学临床监护

在现有医疗监护系统中,数据的监测和传输一般采用有线的方式。连接到人体的各种连线不仅会使病人感到不舒服、心情紧张,从而导致所检测到的数据不准确,而且还使病房显得杂乱无章,影响病人的心情。采用蓝牙技术可实现生理检测仪器的无线化,摆脱监控电缆在病人身体上的缠绕,不会对人体正常活动产生干扰,在医院和家庭保健中有着良好的应用前景。将带有蓝牙芯片的便携式微型传感器安置在人体上,可将病人的各项生理参数通过蓝牙技术传送到相应的接收设备上进行处理。

实际上,蓝牙技术的应用领域和场合不计其数,例如电子病历、防盗系统、无线电子钱包等。

2. ZigBee 技术的应用

ZigBee 技术弥补了低成本、低功耗和低速率无线通信市场的空缺,其成功的关键在于丰富而便捷的应用,而不是技术本身。随着正式版本协议的公布,更多的注意力和研发力量将转到应用的设计和实现、互连互通测试和市场推广等方面。有理由相信在不远的将来,将有越来越多的内置 ZigBee 功能的设备进入生活,并将极大地改善人们的生活方式和体验。

1)工业领域

利用传感器和 ZigBee 网络,使得数据的自动采集、分析和处理变得更加容易,可以作为决策辅助系统的重要组成部分。例如危险化学成分的检测、火警的早期检测和预报、高速旋转机器的检测和维护。这些应用不需要很高的数据吞吐量和连续的状态更新,重点在低功耗,从而最大程度地延长电池的寿命,减少 ZigBee 网络的维护成本。

2)在汽车上

主要是传递信息的通用传感器。由于很多传感器只能内置在飞转的车轮或发动机中,比如轮胎压力监测系统,这就要求内置的无线通信设备使用的电池有较长的寿命(不低于轮胎本身的寿命),同时应该克服嘈杂的环境和金属结构对电磁波的屏蔽效应。

3)在精确农业上

传统农业主要使用孤立的、没有通信能力的机械设备,主要依靠人力监测作物的生长状况。采用了传感器和 ZigBee 网络后,农业将可以逐渐转向以信息和软件为中心的生产模式,使用更多的自动化、网络化、智能化和远程控制的设备来耕种。传感器可能收集包括土壤湿度、氮浓度、PH 值、降水量、温度、空气湿度和气压等信息。这些信息和采集信息的地理位置经由 ZigBee 网络传递到中央控制设备供农民决策和参考,这样农民能够及早而准确地发现问题,从而有助于保持并提高农作物的产量。

4) 在家庭和楼宇自动化领域

家庭自动化系统作为电子技术的集成被得到迅速扩展。易于进入、简单明了和廉价的安装成本等成了驱动自动化居家和建筑开发和应用无线技术的主要动因。未来的家庭将会有 50 个 ~ 100 个支持 ZigBee 的芯片被安装在电灯开关、烟火检测器、抄表系统、无线报警、安保系统、HVAC、厨房器械中,为实现远程控制服务。

5) 在医学领域

将借助于各种传感器和 ZigBee 网络,准确而且实时地监测病人的血压、体温和心跳速度等信息,从而减少医生查房的工作负担,有助于医生做出快速的反应,特别是对重病和病危患者的监护和治疗。

6) 在消费和家用自动化市场

可以联网的家用设备有电视、录像机、无线耳机、PC 外设(键盘和鼠标等)、运动与休闲器械、儿童玩具、游戏机、窗户和窗帘、照明设备、空调系统等。近年来,由于无线技术的灵活性和易用性,无线消费电子产品已经越来越普遍、越来越重要。

7) 在道路指示、方便安全行路方面

如果沿着街道、高速公路及其他地方分布地装有大量路标或其他简单装置,就不用再担心会迷路。安装在汽车里的装置会告知现在所处的位置、正向何处去。虽然从全球定位系统(GPS)也能获得类似服务,但是这种新的分布式系统会向你提供更精确、更具体的信息。即使在 GPS 覆盖不到的楼内或隧道内,仍能继续使用此系统。事实上,从这个新系统能够得到比 GPS 多得多的信息,如限速、前面那条街是单行线还是双行线、前面每条街的交通情况或事故信息等。使用这种系统,还可以跟踪公共交通情况,可以适时地赶上下一班车,而不至于在寒风中或烈日下在车站等上数十分钟。基于这样的新系统还可以开发出许多其他功能,例如在不同街道根据不同交通流量动态调节红绿灯,追踪超速的汽车或被盗的汽车等。当然,应用这一系统的关键问题在于成本、功耗和安全性等方面,而这正是 802.15.4 要解决的问题。

ZigBee 的主要优势在于该类产品可以联网,同时还具有可互操作性、高可靠及高安全等特性。许多应用现在已经能够在不使用电缆的情况下进入家庭和建筑当中,将来还可通过远程控制(甚至可以是手机)来实现对楼宇自动化设备的管理。

3. Wi-Fi 技术的应用

几乎在世界各处都可以使用 Wi-Fi。家用 Wi-Fi 网络能把多台计算机互相链接,以及链接到外围设备和互联网。Wi-Fi 网络能把家用计算机链接起来,以分享如打印机和互联网等硬件和软件资源。那意味着各家庭成员都能在没有缆绳的环境中操作,分享储存的文件和相片,并且在他们台式计算机附有的唯一打印机上打印出来。

Wi-Fi 目前主要用于数据方面,但已经开始用在话音上。在封闭性的区域,通信距离可达 300m。与现有的以太网容易结合。基于 Wi-Fi 的诸多优点,主要有以下几方面的独特应用。

1)企业级应用

大公司和校园使用企业水平技术和 Wi-Fi 认证无线产品,以扩大公开区域,如会议室、培训教室和大礼堂的标准架线的以太网。许多公司也为他们的站点和在远程办公室的员工提供无线网络。大公司和校园经常使用 Wi-Fi 以链接各办工楼。

网络服务提供者和无线网络运营商正在用户家、公寓和商业大厦内使用 Wi-Fi 技术以分布互联网的连通性。

2)交通行业应用

Wi-Fi 网络也开始在人群聚集的繁忙地点,像咖啡店、旅馆、机场休息室等地出现。这也许是 Wi-Fi 服务的最迅速发展的方向,越来越多旅客需要无论在哪里都能快速和安全地接入互联网。不久的将来,Wi-Fi 网络将覆盖市中心,甚至主要高速公路,使旅客们能到处停步以便上网。

3)扩大当前网络

在 Wi-Fi 网络上增添新的无线计算机是很容易的,不需要购买或铺砌更多的缆绳,也不必去寻找一个集线器或路由器上的以太局域网端口,只需要插入卡片或 USB 链接,再启动计算机,就能立刻上网。

如果事务增长并且需要搬迁,也不必须摒弃网络基础设施投资或聘用网络公司在新地点重新铺砌缆绳。而且网络也不会停止操作,甚至在家俱搬到之前,已经能开始运作。只要把系统插入电流插座,就能在几分钟内开始运作。

目前 Wi-Fi 已广泛用于餐厅、酒吧、机场等高消费场所,还在医疗、销售、制造、运输、展会、金融、小型和家庭办公(SOHO)等许多不适合布线或需要移动办公的企事业单位和场所得到了大量应用。

4. NFC 的应用

作为一种近距离无线通信技术,NFC 具有一些明显的优点,如功耗极小、安全性较好,同时速率一般能满足 2 个设备之间点对点信息交换、内容访问和服务交换的需求,对于声频、视频流等需要较高带宽的应用,可以配合蓝牙、无线局域网等技术,提供一个方便自动的接入功能。拥有 NFC 功能的电子设备通过射频信号自动识别数据,信息之间可以互换,为消费者实现使用简便、免安装设定、现场立即联机、智能化传输数据等功能,完全符合现代消费者的需求[4]。NFC 技术的应用前景十分广阔,但尚处于发展的初级阶段。

NFC 技术的应用可以分为 4 种基本的类别[11]:

(1)接触通过(Touch and Go),如门禁管制、车票和门票等,使用者只需携带储存着票证或门控密码的移动设备靠近读取装置即可。

(2)接触确认(Touch and Confirm),如移动支付,用户通过输入密码或者仅是接受交易,确认该次交易行为。

(3)接触连接(Touch and Connect),如把 2 个内建 NFC 的装置相连接,进行点对点数据传输,例如下载音乐、图片互传和同步交换通信簿等。

(4)接触浏览(Touch and Explore),NFC 设备可以提供 1 种以上有用的功能,消费者将能够通过浏览一个 NFC 设备,了解提供的是何种功能和服务。

5. UWB 的应用

由于超宽带通信利用了一个相当宽的带宽,就好像使用了整个频谱,并且它能够与其他的应用共存,因此超宽带可以应用在很多领域,如无线个人网、智能交通系统、无线传感网、射频标识、成像应用。

1)UWB 在无线个人网中的应用

UWB 可以在限定的范围内(比如 4 m)以很高的数据速率(比如 480Mb/s)、很低的功率(200μW)传输信息,这比蓝牙好很多。蓝牙的数据速率是 1Mb/s,功率是 1mW。UWB 能够提供快速的无线外设访问来传输照片、文件、视频。因此,UWB 特别适合于 WPAN。

通过 UWB,可以在家里和办公室里方便地以无线的方式将视频摄像机中的内容下载到 PC 中进行编辑,然后送到 TV 中浏览;轻松地以无线的方式实现 PDA、手机与 PC 数据同步、装载游戏和声频/视频文件到 PDA、声频文件在 MP3 播放器与多媒体 PC 之间传送等。

2)UWB 在智能交通信息中的应用

UWB 除了高速和低功耗的特点外,还具有定位和搜索能力。利用超宽带的定位和搜索能力,可以制造防碰和防障碍物的雷达。装载了这种雷达的汽车会非常容易驾驶。当汽车的前方、后方、旁边有障碍物时,该雷达会提醒司机。在停车的时候,这种基于 UWB 的雷达是司机的强有力的助手。因为 UWB 是高速的无线通信技术。利用 UWB 可以建立智能交通管理系统,这种系统应该由若干个站台装置和一些车载装置组成无线通信网,2 种装置之间通过 UWB 进行通信完成各种功能。例如实现不停车的自动收费、汽车方的随时定位测量、道路信息和行驶建议的随时获取,站台方对移动汽车的定位搜索和速度测量等。

3)传感器联网

UWB 是一个低成本、低功耗的无线通信技术。这一点使得 UWB 适用于无线传感网。在大多数的应用中,传感器被用在特定的局域场所。传感器通过无线的方式而不是有线的方式传输数据将是特别方便的。作为无线传感网的通信技术,它必须是低成本的,否则人们将选择有线方式;同时它应该是低功耗的,以免频繁地更换电池。UWB 是无线传感网通信技术的最合适候选者。

4)成像应用

由于 UWB 具有好的穿透墙和楼层的能力,UWB 可以应用于成像系统。利用 UWB 技术,可以制造穿墙雷达和穿地雷达。穿墙雷达可以用在战场上和警察的防暴行动中,定位墙后和角落的敌人。地面穿透雷达可以用来探测矿产,在地震或其他灾难后搜寻幸存者。基于 UWB 的成像系统也可以用于避免使用 X 射线的医学系统。

5)其他应用

在军事方面,UWB 已经被应用来实现超保密的通信系统,构建实战传感网络来定位每个战士,制造地面穿透雷达进行地雷探测。与 IEEE802.11n 相比,UWB 有更高的速度、更低的功率(0.2mW ~ 50mW)、更高的空间容量。尽管基于 802.11n 的 WLAN 产品已经开发出来并且被应用,研究者们正在考虑利用 UWB 实现无线局域网。

第2章　ULP蓝牙系统体系结构概述

2.1　引　言

2006年10月,诺基亚公司突然宣布推出一种全新的近距离无线通信技术——Wibree(法国一种奶酪的名字)。

2007年6月,蓝牙特别兴趣小组与Wibree论坛宣布Wibree论坛将并入蓝牙特别兴趣小组,于是Wibree更名为ULP(Ultra Low Power)蓝牙。蓝牙SIG是近距离无线通信规格蓝牙的标准制定团体,Wibree论坛则是芬兰诺基亚领导的发展超低电力无线通信规格标准Wibree的团体。随着两团体的合并,Wibree将作为蓝牙的超低耗电通信标准,重新进行定义。Wibree是用于手机间或者与其他设备间的近距离无线连接。连接距离可在1m之内,速度为1Mb/s。从这一点来看,有点类似于蓝牙。但是Wibree创新性在于其更小的体积和更低的成本,最突出的还是其显著降低的功耗。蓝牙技术一向具有低功耗的特点,ULP蓝牙经过优化后,可具有更低的功耗。由于蓝牙设备大部分时候都没有连续地彼此通信,而只是处于闲置一旁并等待被唤醒的状态。因此,如果一个设备有99%的时间被闲置,那么,优化这种状态下的功耗就非常有意义。这种优化主要是通过采用比标准蓝牙更少的频率来实现的,频率少,占用的时间也就随之减少,接通时候的功耗也就更低。通常,标准蓝牙采用32种频率进行连接,而ULP蓝牙仅采用3种频率。因此,标准蓝牙的负载率是1%,而ULP蓝牙的负载率仅为0.1%。另外,ULP蓝牙设备还能以通告的方式主动与周围的其他设备进行通信,然后迅速接收反馈,看是否有其他设备可以连接,如果没有,ULP蓝牙设备将自行长时间关闭,直至下一次通告为止。但是,在优化ULP蓝牙以实现极低功耗的同时,必须在数据速率和延时上做出一些牺牲。同时,ULP蓝牙只能通告自己的数据。

ULP蓝牙作为一种新出现的技术,从它的应用领域、传输距离和速率峰值方面,都与当前的蓝牙技术有许多相同之处,但也有许多超越蓝牙的地方。这点是否意味着在不久的将来ULP蓝牙会取代蓝牙技术呢? 诺基亚技术许可颁发部的负责人Harri Tulimaa坚持说ULP蓝牙是蓝牙的延伸和补充。"它是对低功耗、小型设备的优化,并不能取代蓝牙。"他说,有许多基于专利技术的小型设备、低功耗解决方案局限于连接的形式,并且没有全球标准。"Tulimaa 不确定 ULP 蓝牙是否将对 NFC 或 ZigBee 产生很大的影响,因为它们不打算显示同样使用的情况。Tulimaa 还说:"ULP 蓝牙不会使任何东西突然消失,它将是一场安静的革命。"

Tulimaa 表示,这项技术带来了新的市场机会,因为它扩展了移动手机的角色,移动电话将能够连接到整个新的电子设备领域(例如玩具、钟表及运动感应器)。这个连接其他设备的能力使手机成为一个网关,在电话简单的话音连接之外增加了电话的价值,并能产生更多的需要。他说:"你将能使用移动电话上的无线键盘向一个玩具甚至在 2 个玩具之间下载应用。"ULP 蓝牙技术纳入蓝牙规范以后,必将凭借蓝牙的全球认知度及其丰富便捷的应用,被广泛应用于无线通信市场。有理由相信,将会有越来越多的内置 ULP 蓝牙功能的设备进入人们的生活,并将极大地改善运动、保健、医疗和娱乐生活等的方式和体验。

2.2　ULP 蓝牙技术的价值

在短距离低功率无线领域,似乎蓝牙技术的地位已经不容置疑。但在功耗和成本成为主要约束的情况下,应用就受到了限制,较高的功耗使其应用不能使用功率极小的钮扣电池。此外,越来越多的产品要求装置和设备之间要能够实现无线协作,以现行的蓝牙技术,这只是一个梦想。

1. ULP 蓝牙技术填补空白

在研究人员视蓝牙低功耗无线技术(ULP 蓝牙)为新的希望之前,想把无线连接加到设计中的设计工程师面对着扑朔迷离的各种选择,如 WiMAX(IEEE802.16d)、Wi-Fi(IEEE802.11b/g/n)、蓝牙(IEEE802.11.15.1)、ZigBee(IEEE802.15.4)。不同的技术似乎覆盖了整个无线通信领域,包括从远距离、高带宽一直到短距离、低功耗(适合电池供电的便携式装置使用)。但是,许多工程师意识到迫切需要另外一种无线射频技术,其能够在小型个人便携式产品之间协作,而且耗电量极小,电池的寿命能够达到数月至 1 年。

由于缺乏这样一个开放的标准,在消费类应用系统领域留下了一个利润丰厚的市场,它需要专门的解决方案来填补超低功耗(在发射或接收时低于 15mA 且平均电流在微安的范围)短距离(数十米)无线连接的空白。

专有解决方案都具备高带宽、抗干扰、价格好、电池寿命长等令人羡慕的特点。例如,Nordic Semiconductor 的 nRF24xxx 系列 2.4GHz 收发器在全球数以百万计的无线鼠标器、键盘、保健传感器和运动手表中应用得非常成功;其中

26

nRF24l01 收发器在发射或接收功率为 0dBm、速度为 2Mb/s 时,消耗电流约 12mA;把 Nordic 的 nRF2601 无线桌面协议(WDP)用在无线鼠标中时,正常使用的情况下 2 节 AA 电池的寿命约为 1 年,相比之下,使用蓝牙的同类鼠标寿命仅 1 个月。

专有解决方案的产品的缺点是彼此之间不能协作。点到点连接的终端产品制造商主要通过专有解决方案的优异性价比获利,而几乎都不关心这个问题。但一些想以无线方式和其他公司产品连接起来,或想使用其他的收发器的制造商,就不能采用专有解决方案。而这些公司正是蓝牙低功耗无线技术所针对的客户。

2. 扩大无线连接

很多人说,开放标准增加了繁琐的官僚作风、扼杀了创新,但如果没有 1998 年成立的非营利组织 BluetoothSIG(蓝牙技术联盟),很有可能蓝牙技术不会像现在这样蓬勃发展。在最初几年,只有为数不多的赞助者大量地投资到技术规范的制定、市场宣传和推广上,而且没有人能保证它一定成功。此外,由于得到的支持有限,有些公司可能望而却步,因为害怕过时而不会纳入自己的产品中。蓝牙作为一个开放标准,鼓励半导体厂商之间进行良性竞争,促成了一系列相互竞争然而能够协同运作的产品和服务,而也正是 BluetoothSIG 培育了新兴的 Wibree 技术,并将其作为"蓝牙超低功耗无线技术"纳入蓝牙技术规范。

最早,诺基亚公司只想 Wibree 与 BluetoothSIG 能很好地相处,以手机作为无线 PAN 的中心,协调无线外设一起工作。目前,几乎所有最基本的移动电话都装了蓝牙芯片,手机能够很容易地与其他设备进行通信。但是 BluetoothSIG 已经认识到,如果这个通信功能可以延伸到安装了超低功耗无线连接的传感器或者其他装置,如装有心率传感器、脚步加速度传感器的智能型运动手表、具有远距离射频控制功能的装置、保健传感器等,它的应用是无止境的。

目前的蓝牙做不到这样的连接性,因为用于移动电话的任何外围设备必须很小、重量轻,要用钮扣电池供电。此外,手机制造商并不想在移动电话中另外增加射频装置。但是如果无线手机外设使用 ULP 蓝牙,而且在手机上配备经过适当修改的蓝牙芯片(加入超低功耗的功能),这一切将很容易实现。

2.3 ULP 蓝牙技术及其前景

ULP 蓝牙是一个很有前途的技术,它是一种与蓝牙相关联的个人局域联网技术。诺基亚公司开发的该技术提供了一种在 PC、蜂窝电话、一些非常小的设备(如手表、键盘、鼠标、玩具、运动和医疗传感器以及其他通常由钮扣电池供电的人机接口设备(HID)之间进行通信的方式。和现有的蓝牙技术相比,ULP 蓝牙有自己的优势：

首先，ULP 蓝牙采用具有 SSR（Sniff Sub-Rating）功能的搜索模式，标准蓝牙也会采用这种模式来实现低功耗运行。它们的区别在于，ULP 蓝牙从连接一开始就采用这种模式。这就是说，每个 ULP 蓝牙连接均自动处于 SSR 搜索模式，因此能自动以极低的功耗运行。ULP 蓝牙设备可采用现有的标准 CMOS 工艺技术制造。由于其时序要求不像标准蓝牙那样严格，因此成本较低。其次，ULP 蓝牙是一种真正的全球技术，在使用方面没有特殊的规定，也不存在限制性规则。最后，ULP 蓝牙的设计可靠。它采用了跳频技术，确保能从单频闭塞系统中恢复，并不受其他跳频器的干扰。

在应用方面，实现移动耳机和电话之间的连接是标准蓝牙一种较为典型的应用。与 ULP 蓝牙相比，这种应用要求具有较低延时和较高带宽的连接。ULP 蓝牙旨在迅速高效地传输少量数据，而标准蓝牙的设计目标是传输大量数据。

标准蓝牙适用于耳机连接，而 ULP 蓝牙使数字手表能够显示来电者的身份；标准蓝牙或 EDR 蓝牙可支持立体声音乐的传送，而 ULP 蓝牙可实现远程控制。以上种种均可以通过一块芯片来实现。诺基亚和它的很多伙伴（包括 Broadcom、CSR、Epson 及 Nordic Semiconductor）已经为该项技术在商用上的单独生产或双模 Wibree-Bluetooth 芯片的生产颁发许可证，而且定义了互操作性规范。为了向业界开放界面，它们正在评估相关的论坛，以便推动这项技术的应用。目前，Epson 及 Nordic 研发的单芯片解决方案已获得，同时，Broadcom 及 CRS 的双模芯片也已打入市场。由于对芯片面积和功耗的要求越来越严格，因此与其他无线技术相比，ULP 蓝牙将会具有更快的发展速度。更重要的是，由于 ULP 蓝牙技术本身比较简单，其与标准蓝牙的融合也不会增加成本。因此，基于该技术的各种蓄势待发的应用必将迅速得以实现。

作为最早一批加入 ULP 蓝牙开发计划的 Nordic 十分看好 ULP 蓝牙在体育、健身、医疗，甚至军事等方面的应用。体育和健身器材是 Nordic 解决方案的重点，也是 ULP 蓝牙技术广泛应用的切入点之一。除了娱乐，人们将更加注意自己的健康状况，健身爱好者会十分关注每天步行的数量、距离和剧烈运动时的心率等参数。Nordic 产品经理 Thomas Bonnerud 表示，ULP 蓝牙可以用在运动鞋上、测量步伐的仪器（Foot Pod）或者测量运动心率的心率带（Heart-rate Belt）上，测量的数据可以无线传送到用户的手表上，用户能够十分方便地查询各种参数，并能使用很长时间而无需更换电池。

ULP 蓝牙被广泛认为是新一代的蓝牙技术，或者是蓝牙的补充；但 ULP 蓝牙的传输距离最大为 20m，远小于蓝牙最大 100m 的有效距离，Svenn-Tore Larsen

28

认为,ULP 蓝牙技术比蓝牙的定位更明确,也更能满足用户的需求,毕竟极少有人会有在 100m 的距离上传输数据的要求,因此与人们的普遍认识相反,蓝牙更应该被定义为老一代的 ULP 蓝牙。蓝牙的高耗电量和不太明确的定位让其性能低于用户的期望值,ULP 蓝牙克服了蓝牙的各种缺点,相信会在未来得到比蓝牙更广阔的前景[3]。

2.4 体系结构

ULP 蓝牙系统的体系结构自上而下是由应用层、Host 层、HCI(Host Controller Interface)层和 Radio 层所组成的。其中,Radio 层又被分为了链路层和物理层,如图 2.1 所示。

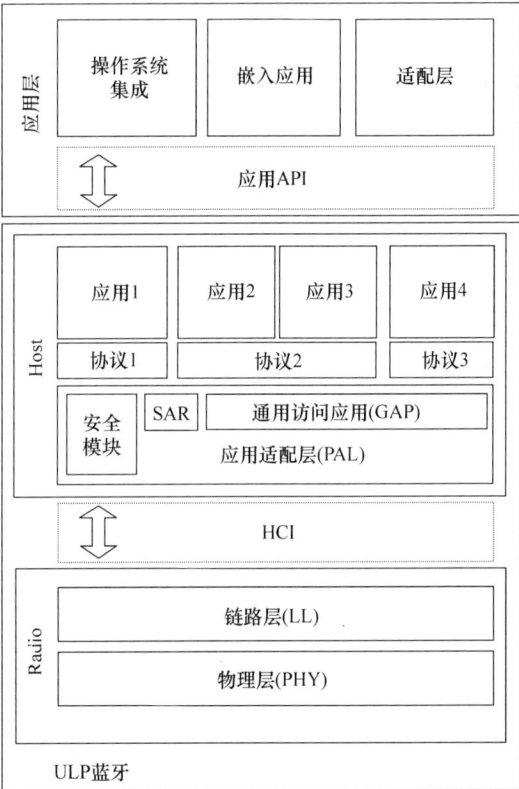

图 2.1 ULP 蓝牙系统的体系结构

应用层定义了各种类型的应用业务,是协议栈的最上层。ULP 蓝牙的第 1 个互用性规范包括 3 个方面应用以优化其功能性,即钟表应用、人机接口应用

29

和传感器应用。

Host 层定义了各种数据包的格式和一些协议的规范以及 ULP 蓝牙系统所采用的安全模式。

HCI 层的作用就是对 Host 层和 Radio 层进行连接。它提供了一个能够对 ULP 蓝牙系统的 Radio 层的功能进行访问的统一的接口。

链路层的功能是执行一些基带协议和其他一些低级的链路程序,它规定了以下前景和应用服务:

(1)低功耗闲模式和广告服务使本地设备可见于其他设备。

(2)搜索服务搜索当前的其他设备。

(3)链接建立服务以参数交换建立快速链接。

(4)数据交换服务以高级节能和加密技术保证可靠的点对多点的数据传输。

(5)通信预约服务:在蓝牙传输中预约 ULP 蓝牙通信。

物理层规定双模型蓝牙 Wibree 应使用已存在的蓝牙 RF 模块,单晶型 Wibree 应使用低功耗模式。其工作频带为 ISM 2.4GHz,物理层速率为 1Mb/s,连接距离为 5m～10m,采用跳频(Frequency Hopping)技术来减少干扰和降低信号的衰减。ULP 蓝牙系统还使用了频分多址(FDMA)和时分多址(TDMA)技术。在 FDMA 方案中,ULP 蓝牙系统的 40 个物理信道被分成了广播信道和数据信道。

2.5　拓　扑　结　构

ULP 蓝牙系统是建立在星形拓扑结构之上的,如图 2.2 所示。1 个中央设备可以决定 1 个或多个外围设备的运行安排。

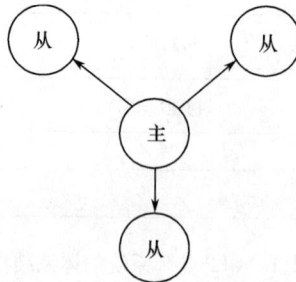

图 2.2　ULP 蓝牙系统的拓扑结构

中央设备被称做主设备,它可以和多个外围设备进行通信。

外围设备被称做从设备,它只能和 1 个主设备进行数据包的交换。数据包是在链路层的连接中被交换的。1 个从设备 1 次只能有 1 个链路层的连接。1 个链路层的连接只能包含 1 个主设备和 1 个从设备。

在标准蓝牙中,1 个主设备可以和 7 个 ~ 16777184 个从设备进行通信。而在 ULP 蓝牙中没有这个限制,即 1 个主设备可以和无数个从设备进行通信。因此,ULP 蓝牙网络被限制为只有 1 个单一的主设备和 1 个或多个从设备的网络。

2.6　工作状态和工作角色

ULP 蓝牙系统 Radio 层有 2 种不同的工作状态,即空闲状态和连接状态,如表2.1 所列。

表 2.1　ULP 蓝牙系统 Radio 层的工作状态

状 态	状 态 描 述
空闲状态	Radio 层与另一个 ULP 蓝牙系统的 Radio 层没有任何链路层的连接
连接状态	Radio 层与另一个 ULP 蓝牙系统的 Radio 层至少存在 1 个链路层的连接

ULP 蓝牙系统 Radio 层有 5 种不同的工作角色,即广播者角色、扫描者角色、发起者角色、主角色和从角色,如表2.2 所列。

表 2.2　ULP 蓝牙系统 Radio 层的工作角色

角 色	角 色 描 述
广播者角色	Radio 层在广播信道中周期性地发送广播帧。 执行这种角色的 Radio 层可以出现在空闲状态或连接状态中
扫描者角色	Radio 层在一定的范围内搜寻其他 Radio 层发送的广播帧。 执行这种角色的 Radio 层可以出现在空闲状态或连接状态中
发起者角色	Radio 层向另一个执行广播者角色的 Radio 层请求一个链路层的连接。 只有当链路层在创建连接时,Radio 层才能够使用发起者角色
主角色	Radio 层决定链路层的操作安排。 执行主角色的 Radio 层 1 次可以有多个链路层的连接。 执行这种角色的 Radio 层只能出现在连接状态中
从角色	只有当 Radio 层接收到其他执行主角色的 Radio 层所发送过来的数据包后,它才能开始发送数据包。 执行从角色的 Radio 层 1 次只能有 1 个链路层的连接。 执行这种角色的 Radio 层只能出现在连接状态中

执行主角色的 Radio 层可以同时执行广播者角色,或者扫描者角色,亦或发起者角色。执行从角色的 Radio 层可以同时执行广播者角色。但是,Radio 层不能同时执行广播者角色和扫描者角色,也不能同时执行主角色和从角色,具体的角色联合如表2.3 所列。

表 2.3　ULP 蓝牙系统 Radio 层的工作角色的联合

	广播者角色	扫描者角色	发起者角色	主角色	从角色
广播者角色	—	NO	NO	YES	YES
扫描者角色	NO	—	NO	YES	NO
发起者角色	NO	NO	—	YES	NO
主角色	YES	YES	YES	—	NO
从角色	YES	NO	NO	NO	—

2.7　设 备 分 类

ULP 蓝牙设备可被分为 4 类:广播设备、扫描设备、外围设备和中央设备。这 4 类设备是依据链路层的特性和功能进行划分的。

广播设备是一个简单的 ULP 蓝牙设备,它只能以广播者的角色去运行,并且只能使用非连接的广播事件去广播数据。通常,这样的设备没有 ULP 蓝牙接收器,只有 1 个发送器来完成广播数据的目的。

扫描设备是一个简单的 ULP 蓝牙设备,它只能以扫描者的角色去运行,并且使用被动的扫描模式从广播设备那里获取数据。通常,这样的设备没有 ULP 蓝牙发送器,只有 1 个接收器来完成被动的扫描。

外围设备是一个 ULP 蓝牙设备,在链路层的连接中,它能够以从角色去运行。因此,这样的设备也需要以广播者的角色去运行,并且使用可连接的广播事件去建立链路层的连接。

中央设备是一个 ULP 蓝牙设备,在链路层的连接中,它能够以主角色去运行。因此,这样的设备也需要以扫描者的角色去运行,从而建立链路层的连接。

第3章 物理层规范

物理层协议位于协议中的最底层,主要解决如何收发空中数据的问题。在本章中,主要介绍 ULP 蓝牙的一些基本特性,如工作频段、调制特性、信道分配等;另外还针对 ULP 蓝牙的调制方式对发射机和接收机的不同特性分别做了介绍。

ULP 蓝牙设备工作在 2.4 GHz ISM 频段,这个频段无需经过当局许可便可使用。为了增强抗干扰能力,ULP 蓝牙设备还采用了跳频技术。无线电收发设备的参数必须按射频(RF)测试标准的所述方法测试。目前世界上主要采用的是欧洲、日本及北美 3 种测试标准,它们将随时根据无线电设备技术的发展而被修改和完善。

3.1 频带和信道分配

由于 ULP 蓝牙系统工作在 ISM 频段,而该频段根据有关法规属于工业、科学、医学等领域的工作频段,所以世界上绝大多数国家将该频段的带宽定为 2400MHz ~ 2483.5MHz,然而有些国家对该频段做了一些限制。为满足这些限制,使设备能处于正常工作状态,从而设计了符合自身国情的各种跳频算法。没有采用这些算法的常规产品在这类地区是不能也不允许工作的。但若为满足这些地区的使用而专门生产符合该地区要求的专用产品显然是非常不合算的。在美国,这些规章由联邦通信委员会制定,其详细内容在 Code of Federal Regulations part 15 [FCC99]中描述,FCC 规章中的第 15.247 节描述了运行在不同的 ISM 频带(包括 2.4GHz 频带)中有向辐射器(Intentional Radiator)需要遵守的规则。

虽然频率规划不完全一致,但 2.4GHz 的 ISM 频带基本上是一个在全球范围内都可以使用的无线频段,表 3.1 说明世界上几个主要地区频带分配情况。

各国为遵循带外规定,均在低边带和高边带设置了保护带宽,如表 3.2 所列。

表 3.1   工作频段

地 区	频带范围/MHz	射频信道
美国、欧洲及大部分其他国家	2400～2483.5	$2042\text{MHz}+k\times2\text{MHz}$ $(k=0,1,\cdots,39)$
西班牙	2445～2475	$2449\text{MHz}+k\times2\text{MHz}$ $(k=0,1,\cdots,11)$
法国	2446.5～2483.5	$2454\text{MHz}+k\times2\text{MHz}$ $(k=0,1,\cdots,11)$

注:(1)日本于 1999 年 10 月初 MPT 公布了将原频段范围扩展为(2.4～2.4835)GHz,并立即生效。然
  而通过 TELEC 设备的测试,为完成这种改变还需要一段时间,所以预先专门设计的复盖
  (2.471～2.497)GHz 的跳频算法仍作为一种选择;
  (2)西班牙提出建议将国家频段范围扩展为(2.403～2.4835)GHz;
  (3)在频段分配上,美国、欧洲(西班牙、法国除外)及大多数国家都采用(2.4～2.4835)GHz 标准频
  段,射频信道为 $f=2402\text{MHz}+k\times2\text{MHz}(k=0,1,\cdots,39)$

表 3.2   防护带

地 区	低边带/MHz	高边带/MHz
美国	2	3.5
欧洲(除西班牙、法国外)	2	3.5
西班牙	4	26
法国	7.5	7.5
日本	2	2

3.2   发射机特性

3.2.1   输出功率水平

　　这一部分声明要求的功率水平是指在设备的天线连接器处测得的。如果一个蓝牙设备没有天线连接器,则就假设天线的增益为 0dBi。由于在测量时对辐射精确度要求的准确性极难得到保证,因此,采用全效的天线连接器来代替整个天线系统。

　　发射机最小的发射功率为 –20 dBm,最大的发射功率被监管局所限制。发射机会根据 Radio 层的工作状态来动态地改变它的发射功率。设备的传输功率等级不能超过控制管理实体所设定的最大值,而允许的最大传输功率等级取决于调制的模式。

3.2.2 调制特性

发射机采用 GFSK 调制,BT=0.5,调制指数在 0.45~0.55 之间。二进制 1 代表正的频率偏移,二进制 0 代表负的频率偏移。

对每个发送信道,对应于序列 1010 的最小频偏($F_{min}\leqslant |F_{min+}, \leqslant F_{min-}|$)将不小于对应序列 00001111 的频偏($f_d$)的 ±80%,另外,最小的频率偏移将不会小于 185kHz。被发送的数据的符号率为每秒 1 百万个符号,并且,每个符号的时间精确性应该小于 $±5.0×10^{-5}$。

理想信号正交于 0 点时,应是无误差的(正交清晰,无扩散)。过 0 误差是在理想符号区间和测量的交叉时间之间的时间差,它应该小于 ±1/8 的符号区间,如图 3.1 所示。

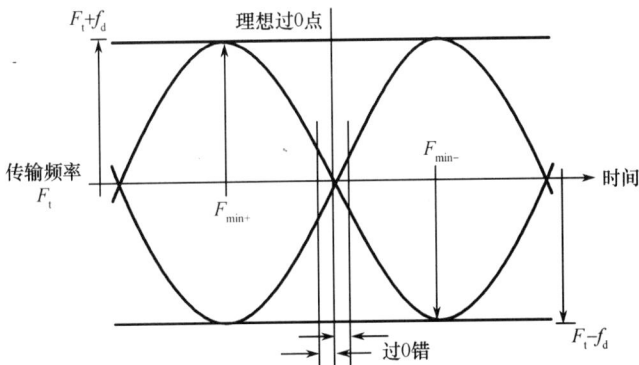

图 3.1 GFSK 参数定义

3.2.3 寄生辐射

在相邻信道上的相邻信道功率不同于 2 个或 2 个以上相邻信道数定义的相邻信道功率。该相邻信道功率定义为在 1MHz 信道内功率测量的总和。发射机功率以最大保持为 100kHz 带宽来测量。如发射机在 M 信道上发射,而相邻信道功率在信道 N 上测量。发射机是用发射一个伪随机数据帧通过测试。

除允许增加到 3 个 1MHz 宽的频带以外,中心频率是一个 1MHz 的若干整数倍,而且必须符合 −20dBm 的绝对值,传输频谱框架如表 3.3 所列。

表 3.3 传输频谱框架

频率偏移	传输功率/dBm
2MHz($|M-N|=2$)	−20
3MHz 或者更大($|M-N|=3$)	−30

3.2.4 射频容限

在数据包中,对中心频率的偏移应该不大于 ± 150kHz,这包含了初始的频率偏置和频率漂移。在一个数据包中,频率偏移应该小于 50kHz,最大的频率偏移率应该小于 200Hz/μs。在一个数据包内,对发射机的中心频率偏移的限制如表 3.4 所列。

表 3.4 最大的被允许的频率漂移

参　　数	频 率 漂 移
最大漂移	± 50kHz
最大漂移率	400Hz/μs

3.3 接收机特性

本节中所指的参考灵敏度水平为 - 70dBm。

3.3.1 实际的灵敏度水平

实际的灵敏度水平定义为接收机的输入电平,这个接收机的输入电平可以满足 0.1% 的误比特率(Bit Error Rate,BER)。接收机的实际的灵敏度水平应该不大于 - 70dBm,以适应在发射机特性内容中所提到的发射机设备特性。这个数值说明了 ULP 蓝牙无线层的成本大大降低了。在美国,一个 IEEE802.11 的无线局域网可能使用高达 30dBm(1000mW)的发射功率(在其他国家发射功率会低一些),最低不会低于 0dBm(1mW)。因此,802.11 的无线解决方案对大多数功率有限的个人设备和便携式设备并不适用。ULP 蓝牙设备对灵敏度的要求远远低于 802.11 无线接收机。相对于一个 802.11 无线设备来说,这意味着可以用较低的成本构建一个简单的 ULP 蓝牙无线层。

3.3.2 干扰性能

应该采用超过参考灵敏度电平 3dB 的有效信号去测量干扰性能。如果一个干扰信号的频率分布在频段 2400MHz ~ 2483.5MHz 之外,就应该使用带外阻塞规范(详见 3.3.3 节带外阻塞)。测量解析度应该是 1MHz。期望信号和干扰信号都应该是 3.3.6 节定义的参考信号。对所有被列举在表 3.5 中的干扰比率来说,误比特率都应该不大于 0.1% 。

表 3.5　干扰性能

干 扰 频 率	比率/dB
同频干扰,$C/I_{\text{co-channel}}$	21
相邻(1 MHz)干扰,$C/I_{1\text{MHz}}$	15
相邻(2 MHz)干扰,$C/I_{2\text{MHz}}$	-17
相邻($\geqslant$3 MHz)干扰,$C/I_{\geqslant 3\text{MHz}}$	-27
图像频率干扰,C/I_{Image}	-9
带内图像频率的相邻(1MHz)干扰,$C/I_{\text{Image}\pm 1\text{MHz}}$	-15
注:(1)带外图像频率; 　　(2)若图像频率$\neq n \times 1$MHz,则图像干扰频率应定义为最接近$n \times 1$MHz的频率	

无法达到预期需求的射频信道被称为寄生响应射频信道。在间隔不小于 2MHz 的获取信号中,允许存在 5 个寄生响应射频信道。这些寄生响应射频信道应该能实现一个放宽的干扰条件 $C/I = -17$dB。

3.3.3　带外阻塞

带外阻塞被应用到了带宽为 2400MHz ~ 2483.5MHz 之外的干扰信号上,应该采用比参考灵敏度电平高 3dB 的有效信号去测试。干扰信号应该是一个连续波,理想信号应为中心频率在 2440 MHz 的信号(如 3.3.6 节的参考信号定义),且误比特率应该不大于 0.1%,带外阻塞将满足表 3.6 所列标准。

表 3.6　带外阻塞规格

干扰信号频率	干扰信号功率	测量解析度
30MHz ~ 2000MHz	-30dBm	10MHz
2000MHz ~ 2399MHz	-35dBm	3MHz
2484MHz ~ 2997MHz	-35dBm	3MHz
3000MHz ~ 12.75GHz	-30dBm	25MHz

10 个寄生响应频率是允许的,这些伪响应频率都取决于给定的射频信道,并且这些伪响应频率都是以 1MHz 的整数倍的频率为中心频率的。对于这些寄生响应频率中的至少 7 个频率来说,为了实现误比特率为 0.1% 的性能,一个被削减到至少为 -50dBm 的干扰电平是被允许的。然而,对于这些伪响应频率中的最多 3 个频率来说,干扰电平会被认为是任意低的。

3.3.4　互调特性

在 BER = 0.1% 时,频率灵敏度会以如下所述情况出现:

（1）期望信号应该处在频率 f_0，此频率的功率比参考灵敏度电平高 6dB，期望信号应该是一个参考信号。

（2）一个静态的正弦波信号应该处在频率 f_1，此频率的功率电平为 -50dBm。

（3）一个干扰信号应该处在频率 f_2，此频率的功率电平为 -50dBm，干扰信号应该是一个参考信号。

频率 f_0, f_1, f_2 应该被这样选择，即 $f_0 = 2f_1 - f_2$ 和 $|f_2 - f_1| = n \times 1$MHz，其中 n 可以为 3，4，5。系统必须至少满足这 3 个数字（3，4，5）中的 1 个。

期望信号的中心频率应为 2440MHz。

3.3.5　最大有效电平

接收机工作的最大有效输入电平应该优于 -10dBm 运行。在 -10dBm 这个输入功率下，误比特率应该不大于输入功率的 0.1%，输入信号应该为参考信号。

3.3.6　参考信号定义

参考信号的定义如下：

调制：GFSK。

调制指数：$0.5 \pm 1\%$。

BT：$0.5 \pm 1\%$（BT 乘积常数一词并不是蓝牙乘积常数的缩写，它是一个描述发射波形质量的参数，用调制滤波器的带宽和比特持续时间的乘积来表示）。

比特率：1Mb/s± 1b/s。

频率精确性优于 $\pm 1.0 \times 10^{-6}$。

第4章 链路层规范

这部分内容主要描述蓝牙链路控制器的规范。蓝牙链路控制器的作用就是执行基带协议和其他低级的链路程序。

4.1 空中接口协议

空中接口协议是由多址接入方案、设备发现、链路层连接方式 3 个部分所组成。

4.1.1 ULP 蓝牙的地址

ULP 蓝牙使用 2 种类型的地址：设备地址和接入地址。设备地址被进一步划分为公有设备地址和私有设备地址。公有设备地址是设备所特有的并且是不能被改变的；接入地址的作用就是用来标识一个链路层的连接，它是由连接的发起者所决定的。

1. 设备地址

每一个 ULP 蓝牙设备都会被分配一个唯一的 48 位 ULP 蓝牙设备地址。这个地址是从 IEEE 注册当局获取的，这个地址由 2 部分组成（图 4.1）：

company_id 部分：高地址部分由 24 位组成。

company_assigned 部分：低地址部分由 24 位组成。

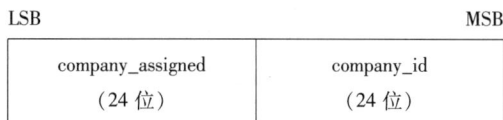

LSB	MSB
company_assigned （24 位）	company_id （24 位）

图 4.1 设备地址的格式

一个 ULP 蓝牙设备在被鉴定为是真的之前，它仅仅只会暴露私有设备地址。

2. 接入地址

每一个链路层的连接都有一个 32 位的接入地址，它是由链路层连接的发起

39

者所分配的。由发起者所创建的每一个链路层连接的接入地址是不同的,并且它是随机产生的。这个接入地址中不应该包含 6 个连续的 0 或 6 个连续的 1,也不能是广播分组的同步字(01101011011111011001000101110001 从左到右为 LSB 到 MSB),在 32 位的序列中,如果只有一位不同于这个同步字序列也是不行的,如图 4.2 所示。

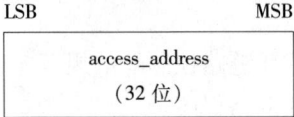

LSB   MSB

access_address
(32 位)

图 4.2 接入地址的格式

4.1.2 多址方案

ULP 蓝牙使用频分多址(FDMA)和时分多址(TDMA)。在 FDMA 方案中,40 个物理信道被划分为广播信道和数据信道。在链路层的连接中使用基于轮询的 TDMA 方案。在这种方案中,主设备总是发起一个包的交换序列,从设备只有在收到主设备发送过来的数据包后才能发送数据。

FDMA 应该用于连接的建立和在相同区域内共存的多个链路层的连接中。40 个物理信道被划分为广播信道和数据信道,如表 4.1 所列,每一个数据信道或每一个广播信道都有一个唯一的索引去标识它。

表 4.1 ULP 蓝牙系统的物理信道分布

中心频率/MHz	信道类型	数据信道索引	广播信道索引
2402	广播信道	N/A	37
2404	数据信道	0	N/A
2406	数据信道	1	N/A
⋮	⋮	⋮	⋮
2424	数据信道	10	N/A
2426	广播信道	N/A	38
2428	数据信道	11	N/A
2430	数据信道	12	N/A
⋮	⋮	⋮	⋮
2478	数据信道	36	N/A
2480	广播信道	N/A	39

4.1.3 帧间距

在包交换序列中,2 个连续包之间的时间间隔被称为帧间距(IFS)。这段间隔具体指从上一个包的结束到下一个包的开始之间的时间间隔,它被定义为 T_IFS,该值应该为 150μs。

4.1.4 设备发现

设备发现需要有一个广播者设备和一个扫描者设备。广播者设备在广播信道上以广播事件的形式周期性地发送广播包。广播事件被及时分割,目的就是为了减少在广播信道上的干扰。扫描者设备的作用就是在本地区域内扫描关于广播者设备的信息。一个扫描者设备也许会请求更多的关于广播者设备的信息,并将这些信息作为一个扫描报告传送给 Host 层。一个扫描者设备还会使用这些关于广播者设备的信息,并将这些信息作为一个扫描报告传送给 Host 层。

1. 设备过滤

广播者设备的链路层连接建立后,它就可以对来自于某个 ULP 蓝牙设备的扫描请求或连接请求做出响应。设备地址的白名单就是用来记录这些设备的地址。广播者设备的 Host 层在链路层的连接中应该通过将设备地址(公有设备地址或私有设备地址)添加到白名单中或清除整个白名单的方式来配置白名单。链路层将处理那些白名单中的设备所发出的扫描请求或连接请求。

广播者设备的链路层连接建立后,它也能够对那些来自于设备地址不在白名单中的设备所发出的扫描请求或连接请求做出响应,这就是默认的过滤规则。在链路层的连接中,广播者设备的 Host 层应该将默认的过滤规则配置成 4 种模式。第 1 种模式:所有地址不在白名单中的设备所发出的扫描请求或连接请求都被忽略。第 2 种模式:所有地址不在白名单中的设备所发出的扫描请求或连接请求都被处理。其他 2 种默认模式:允许所有地址不在白名单中的设备所发出的扫描请求或连接请求。

在扫描者设备中,设备地址白名单和默认的过滤规则用来过滤收到的广播响应包或扫描响应包。链路层应该处理地址在白名单中的设备所发出的广播响应包或扫描响应包。扫描者设备的链路层将处理地址不在白名单中的设备所发出的广播响应包或扫描响应包,扫描者设备的 Host 层则将默认的过滤规则配置成忽略所有地址不在白名单中的设备所发出的广播响应包或扫描响应包。

2. 广播事件

广播者设备应该在广播事件中传送广播包,每一个事件都应该以广播者设备的广播包开始,事件的第 1 个包应该在具有最低索引的广播信道中发送。在每一个被使用的广播信道中,每一个广播事件都应该包含一个来自于广播者设备的广播包,除非存在一个能够满足设备过滤规则的 CONNECT_REQ 数据包。正确接收到的能够满足设备过滤规则的 CONNECT_REQ 数据包将会关闭广播事件。

一个广播事件可以是一个可连接的事件,也可以是一个不可连接的事件。在可连接事件中,扫描者设备,发起者设备被允许可以向广播者设备发送广播包。在不可连接事件中,只有广播者设备能够发送数据包,扫描者设备或发起者设备不能发送数据包。广播者设备所发送的数据包的类型决定了广播事件是可连接事件还是不可连接事件。

1)可连接事件

可连接的广播事件包含来自于广播者设备的 ADV_IND 广播包。扫描者设备会响应这个数据包。扫描者设备可以用 SCAN_REQ 数据包去请求更多的关于广播者设备的信息。发起者设备可以用 CONNECT_REQ 数据包去请求一个与广播者设备的链路层的连接。只有在正确地接收到了 ADV_IND 广播包后,扫描者设备和发起者设备才能发送自己的数据包。

在发送完每一个 ADV_IND 广播包后,广播者设备会在相同的信道上监听 SCAN_REQ 数据包和 CONNECT_REQ 数据包。如果在这个信道上没有数据包的到来,那么广播者设备将会移动到下一个被使用的广播信道上,去发送另一个 ADV_IND 广播包或关闭事件。在一个事件中,2 个连续的 ADV_IND 广播包的开头之间的时间间隔应该不大于 1.5ms。

在一个事件的持续时间中,当所有被使用的广播信道都被检查后,该事件就被关闭。如图 4.3 所示,假设所有使用过的广播信道都没有检查到有效的 SCAN_REQ 或 CONNECT_REQ 的分组包。

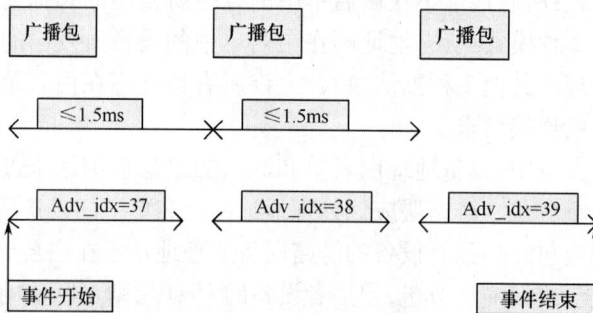

图 4.3　只有广播包的可连接广播事件

如果一个广播者设备正确地接收到了地址在白名单中的设备所发出的 SCAN_REQ 数据包,或者默认的过滤规则被设置为允许广播者设备处理来自于

42

任何设备的扫描请求,则广播者设备在 SCAN_REQ 数据包结束的 T_IFS 时间段之后,会发送一个 SCAN_RSP 数据包作为响应。在发送完 SCAN_RSP 数据包之后,广播者设备将会移动到下一个被使用的广播信道上,去发送另一个 ADV_IND 广播包或者关闭事件。

如果 SCAN_REQ 数据包来自于地址不在白名单中的设备,或者默认的过滤规则被设置为让广播者忽略来自于其他设备的扫描请求,则广播者设备将不会发送 SCAN_RSP 数据包。相反,如果广播包被在所有被使用的广播信道中传送,则广播者设备就会关闭事件,或者在下一个被使用的广播信道中发送另一个 ADV_IND 广播包。

在一个事件的持续时间中,当所有被使用的广播信道都被检查过后,该事件就被关闭。如图 4.4、图 4.5 所示,假设所有使用的广播信道都没有检查到有效的 SCAN_REQ 或 CONNECT_REQ 的分组包。

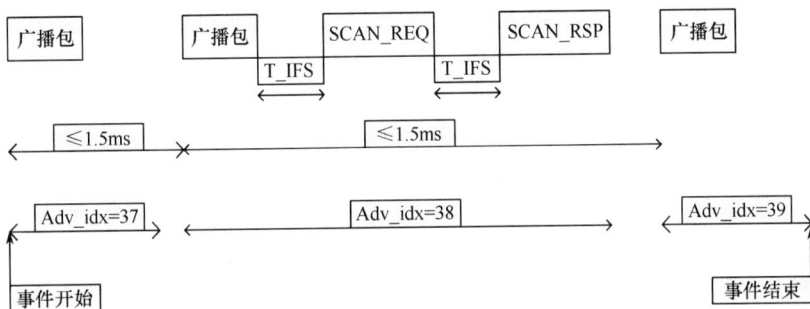

图 4.4　在事件的中间包含 SCAN_REQ 和 SCAN_RSP 包的可连接广播事件

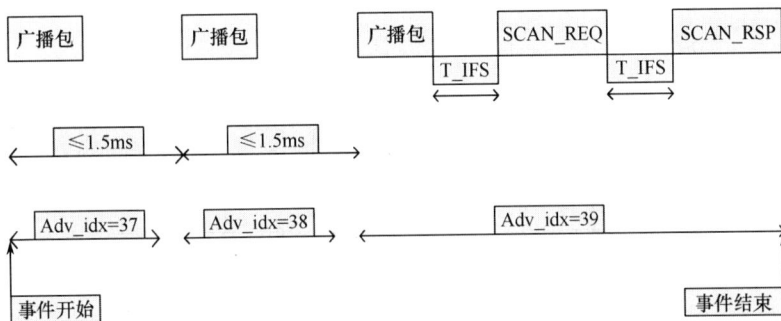

图 4.5　在事件的末尾包含 SCAN_REQ 和 SCAN_RSP 包的可连接广播事件

如果一个广播者设备正确接收到了来自于白名单中的设备所发出的 CONNECT_REQ 数据包,或者默认的过滤规则被设置为允许广播者设备处理来自于任何设备的连接请求,广播者设备将会移动到数据信道。然后,广播者设备将会放弃广播,并且关闭事件。广播者设备会转变为从设备,这个从设备会在广播者设备接收完 CONNECT_REQ 数据包之后的 1.25ms 之内开始在数据信道工作。连接建立的过程在数据信道内将继续进行,如图 4.6 所示。

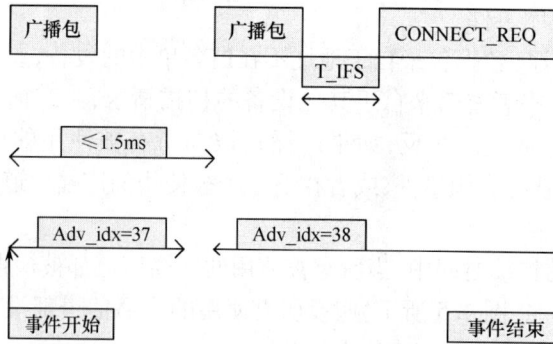

图 4.6　在事件的持续期中接收到 CONNECT_REQ 包的可连接广播事件

2)不可连接事件

不可连接的广播事件仅仅包含来自于广播者设备的广播包。广播者设备也只发送 ADV_NONCONN_IND 数据包,且会忽略任何想要获取广播者设备更多信息的请求或者链路层连接的请求。在一个事件的持续时间中,扫描者设备或发起者设备不会发送任何数据包。在每一个使用着的广播信道中,每一个事件都会包含一个 ADV_NONCONN_IND 数据包。广播信道的使用是由广播者设备的 Host 层决定的。

在发送完 ADV_NONCONN_IND 数据包后,广播者设备将会移动到下一个使用着的广播信道上,去发送另一个 ADV_NONCONN_IND 广播包或关闭事件。只要在每一个被使用的广播信道上都发送了广播包,则事件就会被关闭,如图4.7 所示。

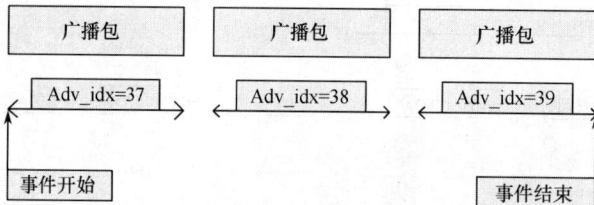

图 4.7　不可连接广播事件的结构

3. 广播信道的选择

广播事件使用 3 个已经被定义好的广播信道。为了和其他系统具有良好的互操作性,广播者设备也许并不使用这些广播信道。广播者设备的 Host 层去决

44

定广播信道是否被用来广播。在信道中的任何关于干扰的可用的信息都会被使用。

4. 广播时间间隔

有 2 种类型的广播方案:非连续广播方案和连续广播方案。

在非连续的广播方案中,广播事件的开始时间是由广播者设备内部的 2 个参数决定的:advInterval 和 advDelay。advInterval 是一个时基,这个时基用来决定 2 个连续的广播事件的开始时间的不同。advInterval 会有一个数值,这个数值是 0.625ms 的整数倍,并且这个数值的范围为 20ms ~ 10.24s。advDelay 是一个随机值,范围为 0ms ~ 10ms,它由广播者设备给出。advDelay 的值被加到 advInterval 的值上,这个和值就定义了 2 个连续的广播事件的开始时间的不同。

注意:非连续的广播事件是非周期的。

在连续的广播方案中,2 个连续的广播事件的开始时间的时间间隔不会超过 2.5ms。连续的广播方案只有在可连接的事件中可以实现。Host 层用 HCI_Set_Advertise_Parameters 命令将 Adv_Interval 设置为 0 后,就可以请求连续的广播方案了。

注意:连续的广播方案是一个极其消耗功率和带宽的广播方案,因此,只有在需要快速配置链路层连接时,才使用这种方案。

5. 扫描

扫描是一个在一定范围内寻找其他 ULP 蓝牙设备的广播的过程。

扫描者设备在扫描的过程中会使用广播信道。与广播过程不同的是,扫描过程没有严格的时间定时和信道选择规则。扫描过程应该按照 Host 层所设置的扫描定时参数(scanInterval, scanWindow)来运行。

一个时间窗口的时间长度被称为 scanWindow。在一个时间窗口的持续期内,扫描者设备一直在广播信道内运行。

2 个连续的时间窗口的开始时间的时间间隔被称为 scanInterval。

scanIntervall 会有一个数值,这个数值是 0.625ms 的整数倍,并且这个数值的范围为 2.5ms ~ 10.24s。scanWindow 也会有一个数值,这个数值也是 0.625ms 的整数倍,并且这个数值的范围也为 2.5ms ~ 10.24s。scanWindow 总被设置为不大于 scanIntervall 的数值。如果它们都被 Host 层设置为相同的数值,则扫描过程会连续运行。

扫描设备在 2 个连续的扫描窗口之间的信道进行改变。扫描者设备会停留在一个广播信道上去等待一个扫瞄窗口。

扫描共分 2 种模式:被动扫描和主动扫描。

1）被动扫描

在被动扫描模式中,扫描者设备仅仅监听广播包,而不向广播者设备发送任何数据。在被动扫描模式中,既可以使用可连接广播事件,也可以使用不可连接广播事件。扫描者设备应该应用设备过滤规则。扫描的结果应该以 HCI_Adv_Packet_Report 事件的形式提供给 Host 层,应该将 HCI_Adv_Packet_Report 事件中完全一样的广播包过滤出来。

2）主动扫描

在主动扫描模式中,扫描者设备会要求广播者设备发送比广播包更多的信息。当构建一个 SCAN_REQ 数据包时,或者是形成一个关于被接收到的广播包的报告以及 SCAN_RSP 数据包时,都应该使用设备过滤规则。

（1）SCAN_REQ 数据包的发送。

扫描者设备向广播者设备发送一个 SCAN_REQ 数据包之后,会从广播者设备那里接收到一个 ADV_IND 数据包。广播者设备要么被列在设备地址白名单中,要么将默认过滤规则设置为可以处理来自于任何设备的广播包。

扫描者设备应该使用 backoff_count 计数器去运行补偿过程,以减小多个扫描者设备之间的碰撞。发起 SCAN_REQ 数据包的扫描者设备应该使用下面的等式将它的 backoff_count 设置为一个随机的事件计数值,即

$$backoff\_count = Random()$$

式中:Random() 为伪随机的整数,这个整数在时间间隔[1, upper_limit]上服从均匀分布;upper_limit 为一个整数,范围为 1~256。

在每一个正确接收到的广播包中,尽管存在设备过滤规则,backoff_count 的值都会减小。当 backoff_count 的值为 0 时,并当 ADV_IND 数据包被正确接收到后的 T_IFS 时间间隔后,SCAN_REQ 数据包会被发送。

upper_limit 的初始值为 1,它会依赖 HCI_Write_Scan_Mode 命令被重新设置为 1,然后开始扫描。当发送完自己的 SCAN_REQ 数据包之后,扫描者设备如果接收到了两个连续失败的 SCAN_RSP 数据包,则扫描者设备会将 upper_limit 的值扩大 2 倍,一直持续到 upper_limit 的最大值 256 为止。当发送完自己的 SCAN_REQ 数据包之后,扫描者设备如果接收到了 2 个连续成功的 SCAN_RSP 数据包,则扫描者设备会将 upper_limit 的值减小 1/2,一直持续到 upper_limit 的最小值 1 为止。

（2）扫描报告。

扫描者设备将接收到的 SCAN_RSP 数据包的信息以 HCI_Scan_Response_Report 事件的形式提供给 Host 层。这个事件就是为了每一个 SCAN_RSP 数据包的信息而产生的。相同的 SCAN_RSP 数据包能够从 HCI_Scan_Response_Report 事件中被寻找出来。链路层可以使用 HCI_Adv_Packet_Report 事件去通告使用非连接广播事件的广播者设备。HCI_Adv_Packet_Report 事件可以由没有接收到 SCAN_RSP 数据包的广播者设备产生。相同的 ADV_NONCONN_IND 数据包也能够从 HCI_Adv_Packet_Report 事件中被寻找出来。

4.1.5 链路层的连接配置

链路层的连接配置是一个由 Host 层发起的过程。在这个过程中,Host 层会给出 HCI_Create_LL_Connection 命令。这样的 ULP 蓝牙设备就被称为发起者设备。只要有 1 个连接配置请求,发起者设备就开始从给定的广播者设备上寻找 ADV_IND 数据包,因为这个阶段的过程与扫描阶段是一样的,所以使用了相同的定时参数(scanInterval,scanWindow)。Host 层可以以 HCI_Create_LL_Connection 命令的形式给出它们。只要能成功地从给定的广播设备中接收到这样的一个广播包(例如,通过了 CRC 校验),那么就会在接收到广播包的 T_IFS 时间间隔后去发送 CONNECT_REQ 数据包。

CONNECT_REQ 数据包包含了访问地址、信道分布、信道跳跃长度、连接时间间隔和 CRC 的初始化值。信道分布标识了在链路层的连接中所使用的数据信道。当定义这种分布时,在数据信道中,会使用任何关于当前干扰情况的可用的信息。信道跳跃长度是一个参数,该参数被使用在数据信道的选择中。在每一个数据信道包中,CRC 的初始值就表明了 CRC 线性转换器设置的状态。

从设备的连接潜伏期是没有数值的。可以在 CONNECT_REQ 数据包中发送连接监督的暂停时间,但是应该使用默认的值,默认的数值如下:

从设备潜伏期:2 个连接事件的持续时间。

连接监督的暂停时间:180ms。

在链路层的连接中应该使用这些默认的数值,直到可以使用新的数值为止。

在发送 CONNECT_REQ 数据包之后,发起者设备应该使用数据信道索引,以便于移动到相应的数据信道上。在接收到 CONNECT_REQ 数据包之后,广播者设备应该移动到相同的数据信道上来。

只要一进入到第 1 个数据信道,主设备和从设备都应该设置连接监督计时器 TLLconnSupervision,它是一个以毫秒递增的计时器。在接收到在广播信道中传送的 CONNECT_REQ 数据包之后的 1.25ms 到 8.75ms 之间,主设备在数据信道中可以开始第 1 个数据包的发送。第 1 个数据信道包应该是第 1 个连接事件的开始。主设备应该使用在 CONNECT_REQ 数据包中所给定的连接事件的时间间隔,从这个事件的开始时间,去安排以后的连接事件的开始时间,如图 4.8 所示。

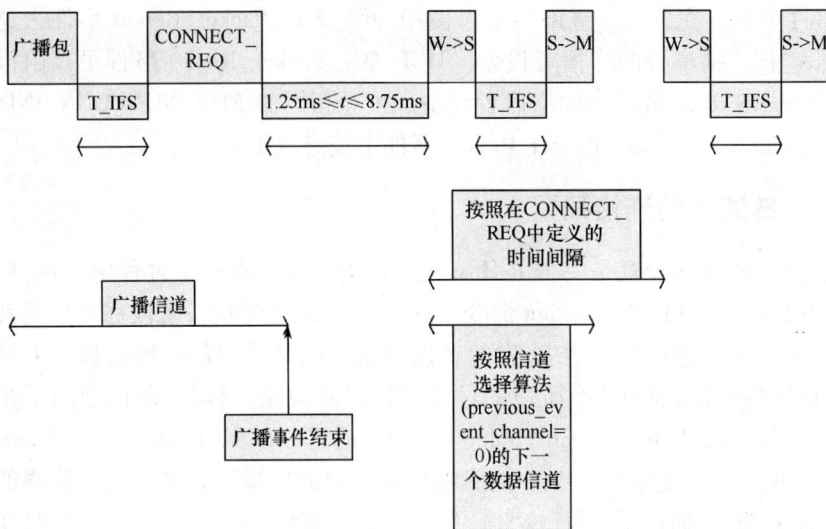

图 4.8 从主设备的角度来看的链路层连接配置关闭过程

从 CONNECT_REQ 数据包结束起的 9.2ms 之内,从设备应该保持在第 1 个数据信道中,去监听来自于主设备的第 1 个数据包,或者直到正确地接收到一个数据包。从设备将会把这个事件的时间作为第 1 个定位点。从设备应该使用在CONNECT_REQ 数据包中所给定的连接事件的时间间隔,去安排以后的连接事件的开始时间。在从设备从一个被正确接收到的数据包中获取定位点之前,它应该连续地监听来自于主设备的第 1 个数据包,这里要假设连接事件的定时是从 CONNECT_REQ 数据包结束之后开始计算的,如图 4.9 所示。

如果广播者设备的 Host 层已经以 HCI_Set_Initial_Random_Vector 命令的形式向链路层提供了初始的随机向量,从设备在链路层的连接中发送的第 1 个数据包应该是一个包含了初始随机向量的链路层数据包。只要这个数据包的传送一经完成,Host 层就会以 HCI_Num_Completed_Packets 事件的形式得到通知。只有连接被请求是安全时,才会发送初始随机向量。

只要接收到一个有效的数据信道包,链路层的连接就被认为是成功的。这样,链路层的连接配置过程就会关闭,同时会产生一个合适的 HCI 事件,并将它发送给 Host 层。链路层连接监督计时器将会被重新设置。但是,在开始使用 connSlaveLatency 之前,从设备会一直等待,直到主设备数据包中的 NESN数据位的值被改变为止。在那之前,在每一个连接事件中,从设备都是积极的。

如果链路层连接监督计时器达到了 connTimeout,则链路层的连接配置将会

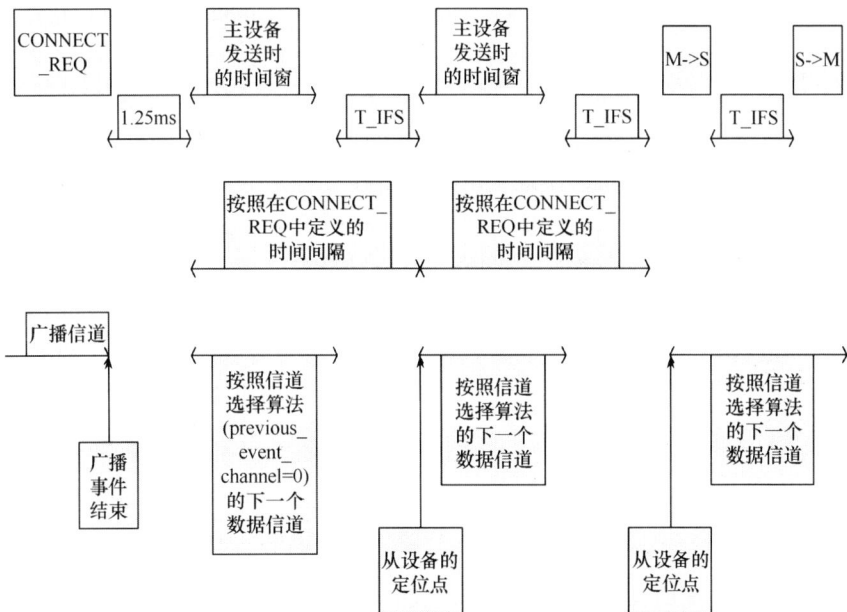

图 4.9 在第 3 个链路层连接事件中关闭链路层连接配置的从设备

被认为是失败的。在连接配置中,出现了一个失败,Radio 层并不会自动恢复之前的扫描和广播服务。

在扫描期间,Host 层不能够请求连接配置。如果 Host 层已经请求 Radio 层去扫描,在请求一个链路层连接配置之前,它必须命令 Radio 层停止扫描服务。

当广播者设备已经正确接收到 CONNECT_REQ 数据包时,在可连接广播事件中,它能够按照设备过滤规则去处理这个数据包,并且将放弃广播。如果需要的话,可以由广播者设备的 Host 层使用 HCI_Activate_Advertiser 命令去回复广播服务。

4.1.6 链路层连接过程

链路层的连接是由 3 个参数确定的:连接事件时间间隔、从设备潜伏期和连接监督的暂停时间。所有的数据传送都发生在有开始点和时间间隔的连接事件中。连接事件的开始点是由主设备决定的,从设备也使用这个开始点。从设备同步到被称为定位点的开始点。连接事件会发生在时间间隔中,并且它们之间不会重叠。连接事件的时间间隔是指 2 个连续的连接事件的开始点之间的时间间隔,被定义为参数 connInterval。

设备的潜伏期是一个参数,它考虑到不对称的链路层连接。在这样的连接

49

中,从设备会忽略一定数量的连续的连接事件。参数 connSlaveLatency 定义了多个连续连接事件的数量,从设备没有必要去监听这些连续的连接事件以及对它们做出响应。在不对称的链路层连接中,如果 connSlaveLatency = 0,则从设备在每一个连接事件中都是积极的。在不对称的链路层连接中,如果 connSlaveLatency > 0,则从设备会完全忽略连续的连接事件。

连接监督的暂停时间是一个参数,在连接丢失之前,该参数定义了链路层连接中 2 个被正确接收到的 ULP 蓝牙数据包之间的最大时间间隔,它被定义为 connTimeout。主设备和从设备都会使用一个连接监督计时器 TLLconnSupervision。当链路层的连接完成的时候,计时器就会与 connTimeout 进行比较。只要接收到 1 个有效的数据信道包(例如,有效的 CRC/ICV),计时器将会被重新设置。如果计时器达到了 connTimeout 的数值,则链路层的连接会被认为已经丢失。

这 3 个参数(connInterval, connSlaveLatency 和 connTimeout)都有默认的数值,都应该使用在链路层的连接中,除非有新的参数被使用。

对每一个连接事件来说,主设备和从设备将决定数据信道的使用。在一个单一的连接事件当中,应该使用相同的数据信道去发送所有的数据包。

1. 连接事件的发送

运行在连接状态的设备都应该在连接事件中发送数据信道包。每一个连接事件至少包含一个来自于主设备的数据信道包。在这个事件中,后续的所有数据包都应该以 T_IFS 为时间间隔来进行发送。多个连接事件的开始点应该以 connInterval 作为时间间隔。

每一个连接事件都应该以一个来自于主设备的数据信道包作为开始。当从设备等待在连接事件中的第 1 个数据包作为定位点时,不管 CRC/ICV 的校验结果如何,它都会使用一个数据包的开始点。只要一收到来自于主设备的分组,从设备就会发送数据包。不是被发往链路层连接的数据包将被主设备和从设备忽略掉,该数据包被视为事件的关闭。只要有 1 个失败的 CRC/ICV 校验,主设备也会关闭这个事件。

数据信道包的 MD 位用来表明还有数据要传送以及有时间传送这些数据。从设备可以设置这个数据位,以便请求主设备至少再发送 1 个数据包,以维持事件的继续。对于来自主设备的数据包而言,该数据位用来表明从设备是否期望等待另一个数据包的发送。如果事件时间结束了,不管 MD 位被设置为什么值,主设备和从设备都会改变到下一个数据信道,以开始一个新的事件。详细的行为规则在下面的章节中被定义,这些规则是针对有着不同 MD 位设置的数据包的发送和接收的。

1) 主设备的 MD 位规则

主设备数据包的 MD 位有 2 种意思。一种意思表明还需要主设备的其他数据包的发送。在一个事件的持续期,MD 位被设置为 0,表明主设备不再发送另外的数据包;MD 位被设置为 1,表明主设备计划继续发送另外的数据包,此时从设备也被要求等待这些数据包发送。MD 位的另外一种意思是与事件和从设备角色的结束和继续有关。如果将 MD 位设置为 0,且主设备没有更多的数据去发送,它就允许从设备去关闭事件;MD 位设置为 1,就给了从设备一个机会,允许从设备强迫主设备在事件的持续期内发送另外的数据包。

如要从设备接收到 MD 位被设置为 0 的数据信道包,主设备的行为就取决于事件中前一个数据包的 MD 位的值。若前一个数据包的 MD 位设置为 0,则主设备不会发送另外的数据包,但是事件会按照从设备的要求而关闭。若前一个数据包的 MD 位设置为 1,则主设备会在从设备数据包的 T_IFS 时间间隔后,通过发送另外的数据包,去继续这个事件。

如要从设备接收到 MD 位设置为 1 的数据信道包,则无论主设备发送的前一个数据包的 MD 位为 0 还是为 1,主设备都会在从设备的 T_IFS 时间间隔后,通过发送另外的数据包,去继续这个事件。

2) 从设备的 MD 位规则

从设备数据包的 MD 位只有 1 种意思。在事件的持续期内,从设备用它表明还需要进一步发送数据包。如果 MD 位设置为 0,就表明从设备不需要发送另外的数据包;如果 MD 位设置为 1,就表明从设备需要发送另外的数据包。对事件持续期的实际影响以及从设备中的行为来自于主设备前一个数据包的 MD 值。

只要来自于主设备数据信道包的 MD 位为 0,从设备就能决定它是否想要关闭事件或是否请求来自于主设备的另外的数据包。在从设备发送数据包后,它将 MD 位设置为 0,以便能够立即关闭事件;从设备将 MD 位设置为 1,以便请求主设备去发送另外的数据包,以维持事件的继续。一般情况下,MD 位的设置都是由主设备发送另外的数据包的需求引起的。它被设置的目的还是在来自于主设备的后续的数据包中,能够得到对前一个数据包的立即确认。

只要来自于主设备的数据信道包的 MD 位为 1,从设备就使用自己所发送的数据包中的 MD 位去表明还有另外的数据包要发送给主设备。在事件的持续期中,从设备将 MD 位设置为 0,以表明没有另外的数据包要发送给主设备。从设备将 MD 位设置为 1,就是表明强迫主设备去发送另外的数据包,从而维持时间的继续,具体情况如表 4.2 所列。

表 4.2 MD 位设置的规则

		主设备的数据包的 MD 位	
		MD = 0	MD = 1
从设备的后续数据包的MD位	MD = 0	表明:主设备没有更多的数据。从设备没有更多的数据。 行为:从设备发送完自己的数据后不需要去接收。主设备不需要去发送另外的数据包。 注意:在来自于从设备的数据包之后,事件会立即结束	表明:主设备没有更多的数据。从设备没有更多的数据。 行为:从设备发送完自己的数据后应该去接收。 注意:由主设备决定它是否发送另外的数据
	MD = 1	表明:主设备没有更多的数据。从设备没有更多的数据。 行为:从设备发送完自己的数据后应该去接收。 注意:由主设备决定它是否发送另外的数据	表明:主设备没有更多的数据。从设备没有更多的数据。 行为:主设备将发送另外的数据包。从设备发送完自己的数据后应该去接收

2. 数据信道的选择

从设备和主设备可以决定每一个连接事件所使用的数据信道,这些数据信道都来自被使用的信道列表中,其基本算法为

connection_event_channel = (previous_event_channel + hop_length) mod 37

connection_event_channel 和 previous_event_channel 是 2 个连续的连接事件所使用的数据信道的索引值; connection_event_channel 是一个连接事件所使用的数据信道的索引值; previous_event_channel 是前一个连接事件所使用的数据信道的索引值,对第 1 个连接事件来说, previous_event_channel 应该为 0; hop_length 同链路层连接中的指令一样在 CONNECT_REQ 数据包中被传送,它可以被设置为一个数值,其范围为 5 ~ 16。

如果 connection_event_channel 按照信道分布是一个被使用的数据信道,那么它表明这是事件所使用的数据信道。如果 connection_event_channel 按照信道分布是一个未被使用的数据信道,那么它将被重新映射到信道分布中的被使用的多个数据信道之中。重新映射将使用下面的算法,即

remapping_index = (connection_event_channel) mod (N_used_channels)

式中: N_used_channels 按照信道分布是被使用的信道的数量; remapping_index 被用来在信道映射表中去选择重新映射的数据信道,这张信道映射表中以升序包含了所有被使用的数据信道,这个重新映射的数据信道将会在事件中被使用; connection_event_channel 不受信道重新映射的影响。

完整的流程如图4.10所示。

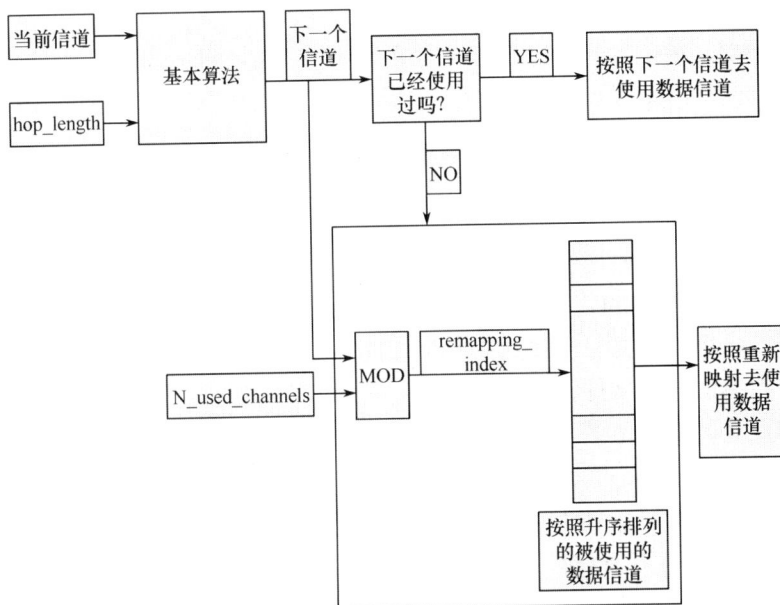

图4.10　数据信道选择流程

信道映射的更新是由 CHANNEL_MAP_REQ 数据包完成的。主设备发送这个数据包,就表明在链路层的连接中使用了新的信道分布。在新的信道分布被使用之前,CHANNEL_MAP_REQ 数据包的计数域用来表明连接事件的数量。它将会有一个大于6的值。例如,计数值为10就表明有10个连接事件。

从设备将对来自于主设备的且被正确接收到的 CHANNEL_MAP_REQ 数据包进行确认,然后按照计数域的值及时采用新的信道分布。只要一接收到 CHANNEL_MAP_REQ 数据包,从设备就将监听所有的连接事件,直到计数域的值达到最大为止。如要 CHANNEL_MAP_REQ 数据包没有被从设备所确认,主设备就不会减小计数域的数值。直到这个过程结束,主设备才会改变 CHANNEL_MAP_REQ 数据包的内容(例如,新的参数被应用)。

从设备将采用计数域的数值和每一个被正确接收到的 CHANNEL_MAP_REQ 数据包中的信道分布。新的信道分布会按照最新的计数域的数值使用。一个来自于从设备的对 CHANNEL_MAP_REQ 数据包的确认,在主设备中,就表明已经成功更新了信道分布。只有在这之后,主设备才能采用新的信道分布,然后按照被确认的 CHANNEL_MAP_REQ 数据包中的计数域来及时地使用它们。一旦一个来自于从设备的确认被接收到,主设备不会发送另外的 CHANNEL_

MAP_REQ 数据包。

3. 连接参数的更新

在链路层的连接配置过程完成之后,连接参数 connInterval,connSlaveLatency 和 connTimeout 就可以被更新。主设备通过发送 CONNECTION_UPDATE_REQ 数据包去完成更新;从设备能通过 Host 层的处理去影响这些参数。

在新的参数被使用之前,CONNECTION_UPDATE_REQ 数据包的计数域可以被用来表示连接事件的数量,它是一个大于 6 的数值。例如,计数域的数值为 10,就表明有 10 个连接事件。从设备将对来自于主设备的并且被正确接收到的 CONNECTION_UPDATE_REQ 数据包进行确认,并且按照计数域的值及的采用新的连接参数。只要一接收到 CONNECTION_UPDATE_REQ 数据包,从设备就将监听所有的连接事件,直到计数域的值达到最大为止。只要 CONNECTION_UPDATE_REQ 数据包没有被从设备所确认,主设备就不会减小计数域的数值。直到这个过程结束,主设备才会改变 CONNECTION_UPDATE_REQ 数据包的内容(例如,直到新的参数被应用)。

从设备将采用计数域的数值和每一个被正确接收到的 CONNECTION_UPDATE_REQ 数据包中的信道分布。新的链路层的连接参数会按照最新的计数域的数值使用。一个来自从设备的对 CONNECTION_UPDATE_REQ 数据包的确认,在主设备中,就表明已经成功更新了参数。只有在这之后,主设备才能采用新的参数,然后按照被确认的 CONNECTION_UPDATE_REQ 数据包中的计数域来及时的使用它们。一旦接收到来自从设备的确认,主设备便不会再发送另外的 CONNECTION_UPDATE_REQ 数据包。

当主设备决定采用新的参数发送第 1 个数据包的定时时,它可能会调整链路层连接的定位点。在采用旧的连接参数所发送的上一个连接事件的开始点之后的 connInterval 到 connInterval + 3.15 时间之内,主设备就可以开始发送第 1 个数据包。这里,connInterval 就代表了在 CONNECTION_UPDATE_REQ 数据包中被传达的新的连接事件的时间间隔。后续的连接事件的开始时间都会由主设备从这个事件的开始时间算起,按照新的连接事件的时间间隔去安排,如图 4.11 所示。

4. 连接加密模式的改变

链路层连接加密模式的改变是一个由 Host 层所负责的过程,同时它还有一个由链路层独立负责的子过程。它是由 HCI_Setup_Encryption 命令进行初始化的。采用这个命令,主设备的 Host 层就表明了链路层连接的新的加密模式。如要有一个这样的来自于 Host 层的命令,那么在链路层的连接中传送一个 SEC_EMPTY_REQ 数据包。在用 HCI_Command_Completed 命令所表示的过程完成之

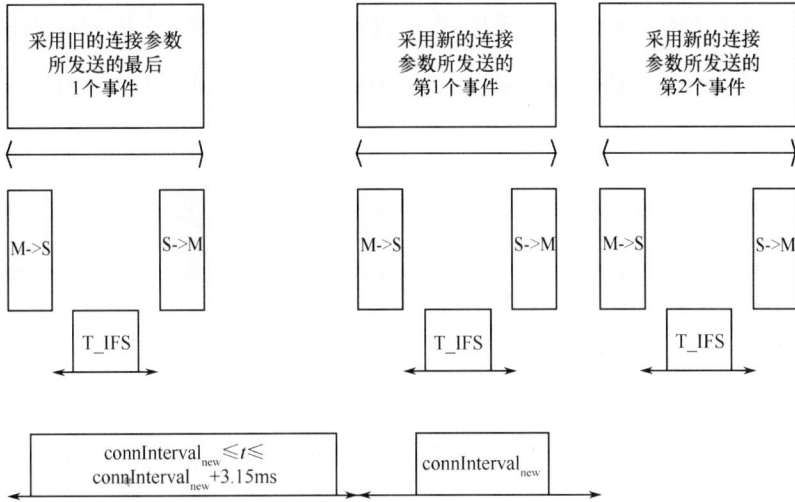

图 4.11   连接参数更新时的连接事件定时

前的时间中,在 HCI_Setup_Encryption 命令之后,不允许有来自于 Host 层的任何数据包。

当从设备接收到 SEC_EMPTY_REQ 数据包后,HCI_Setup_Encryption_Requested 命令就会通知 Host 层,同时链路层就会开始清空链路层连接的发送缓存。在链路层的连接中,如果没有待定的数据要发送,就会向主设备发送 SEC_EMPTY_RSP 数据包。这个数据包就表明连接加密模式改变过程的第 2 步和最后 1 步可以开始了。

在链路层的连接中,对于发送过 SEC_EMPTY_REQ 数据包的主设备的链路层来说,一旦接收到 SEC_EMPTY_RSP 数据包,它就会发送 EC_SETUP_REQ 数据包。如果这种改变是从开放模式到加密模式,那么在这个过程中,到目前为止的数据包都将以明文的形式进行发送,并且应该采用 CRC 去校验它们。如果这种改变是从加密模式到开放模式,那么在这个过程中,到目前为止的数据包都被加密,并且应该采用 ICV 去校验它们。在 SEC_SETUP_REQ 数据包之后,所有新的数据包都应该按照新的加密模式配置进行处理。因此,第 1 个按照新的加密模式配置进行处理的数据包是对 SEC_SETUP_REQ 进行确认的数据包。一旦对 SEC_SETUP_REQ 数据包进行确认,Host 层就会得到通知。

"连接加密模式改变"的过程只能用于开放模式与加密模式的相互转换中,它不能用于加密连接中的密钥转换。

5. 连接的终止

当链路层的连接结束后,设备就进入链路层连接的终止过程,这个过程会持续到 connSlaveLatency + 6 个连接事件。如果这个过程是由主设备发起的,链路层会继续发送 TERMINATE_IND 数据包,直到 connSlaveLatency + 6 个数据包被发送,或者接收到来自于从设备的确认。如果这个过程是由从设备发起的,链路层会尝试发送 TERMINATE_IND 数据包,直到 6 个事件被传递,或者接收到了一份来自于主设备的确认。

无论哪一个发生,通信都会被计时器按照连接监督进程来终止。

4.1.7 确认方案

链路层的确认方案将会在所有链路层的连接中以及所有数据信道包中使用(例如,在所有的链路层的控制包和数据包中)。它建立在数据信道包头的 2 个比特位上:SN 和 NESN。SN 用来表明包的序号,它会被放置在链路层连接中的每一个新的包中。相同的包将被链路层再次发送,直到对方接收到 NESE 位的值与 SN 位的值不同的数据包为止。在链路层的连接中第 1 个被发送的数据包的 SN 位将会被设置为 0。

包头中的 NESN 位用来表明下一个被期望接收的包序号,这个包来自于链路层连接中的对等设备。在链路层的连接中,如果前一个被成功接收到的数据信道包的 SN 位被设置为 0,那么在下一个包中的 NESN 位就应该被设置为 1。反过来,如果 SN 位被设置为 1,则 NESN 位就会被设置为 0。在链路层的连接中,来自于主设备的第 1 个数据包的 NESN 位将会被设置为 0。

如果一个设备必须要确认一个包,但是它没有数据要传送,那么这个设备会发送一个链路层的数据包,且这个数据包的有效数据部分为 0。

4.1.8 定时要求

本小节所列的要求无论对于积极模式还是低功耗模式,都适用于包的定时要求。积极模式由 2 部分时间组成:第 1 部分为设备发送数据包或接收数据包的时间;第 2 部分为发送和接收之间的时间间隔 T_IFS。低功耗模式是由相邻的 2 个积极模式之间的时间组成,这个时间为广播时间间隔或连接时间间隔。

1)积极模式

包的定时漂移将不低于 $\pm 5.0 \times 10^{-5}$,时间波动将不小于 $2\mu s$。

2)低功耗模式

广播事件是基于时间基(定义在 advInteval 中)来进行定时的,这个时间基的漂移不低于 $\pm 5.0 \times 10^{-5}$,时间波动将不小于 $16\mu s$。

默认情况下,在链路层的连接中,包的定时漂移将不低于 $\pm 2.5 \times 10^{-4}$。该值会在链路层的连接配置阶段由 CONNECT_REQ 数据包进行传送。漂移的最大数值为 $\pm 5.0 \times 10^{-4}$。在链路层的连接中,包的定时波动将不小于 $16\mu s$。

4.2　空中接口包的格式

ULP 蓝牙只有 1 种包的类型,这种包被用在广播信道包中和数据信道包中。

所有的 ULP 蓝牙包都有 8 位的前导数据。这个前导数据为 10101010 或者为 01010101。在接收机中,这个前导数据用来执行频率同步、符号定时估计和自动增益控制训练。在这个前导数据的后面有一个 32 位的同步字,广播信道包的同步字为 01101011011111011001000101110001,广播信道包的前导数据为 10101010。

数据信道包的前导为 10101010 或者为 01010101,具体是哪一个数值取决于同步字的 LSB,在这个同步字中,包含了访问地址。如访问地址的 LSB 为 1,那么这个前导数据就为 10101010。否则,这个前导数据就为 01010101。访问地址将是一个链路层连接的特定地址,它是在链路层的连接配置中由发起者设备决定的。

同步字的后面是 PDU。

每一个广播信道包的末尾是 24 位的 CRC,它是在 PDU 数据上进行计算的。

每一个数据信道包的末尾是 24 位的 CRC 或者是 24 位的 ICV。当这个数据包的内容不是被加密的,就使用 CRC;当这个数据包的内容是被加密的,就使用 ICV。

最左边的数据位最先被传送,如图 4.12 ~ 图 4.14 所示。

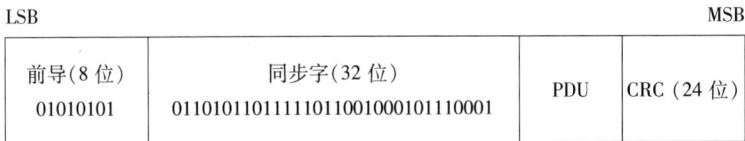

LSB			MSB
前导(8 位) 01010101	同步字(32 位) 01101011011111011001000101110001	PDU	CRC (24 位)

图 4.12　广播信道包的结构

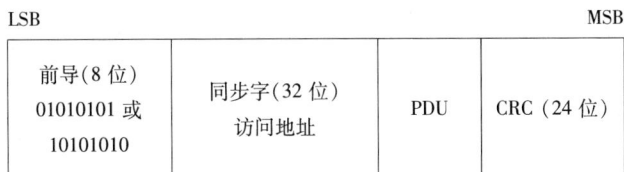

LSB			MSB
前导(8 位) 01010101 或 10101010	同步字(32 位) 访问地址	PDU	CRC (24 位)

图 4.13　采用明文形式的数据信道包的结构

57

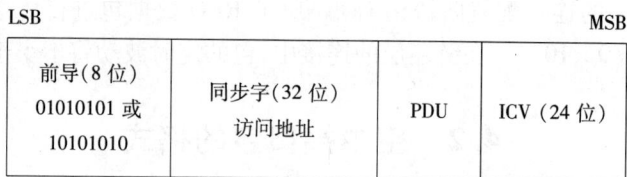

图 4.14　采用加密形式的数据信道包的结构

4.2.1　位顺序

在 ULP 蓝牙 Radio 层规范中定义包和 PDU 时,数据位的排序应该遵循小端格式(Little Endian),并遵循下面的规则:

(1)b_0 代表最低有效位(LSB)。

(2)LSB 是第 1 个发送位。

(3)在例中 LSB 被放在最左边位置上。

另外,在链路层级别,由内部产生的数据域(例如,PDU 的头域)在被发送时也会将最低有效位作为第 1 个被发送的数据位。例如,一个 3 位的参数会以下面的形式被发送:

$$b_0 b_1 b_2 = 110$$

其中 1 被最先发送,而 0 被最后发送。

多字节数据域将会首先发送最高有效字节。例如,在广播信道 PDU 中,一个 48 位的地址将首先发送最高有效字节,然后再发送剩余的 5B。

4.2.2　广播信道 PDU

广播信道 PDU 由 8 位的数据头、8 位的长度域、大小可变的有效数据部分组成,它的结构如图 4.15 所示。

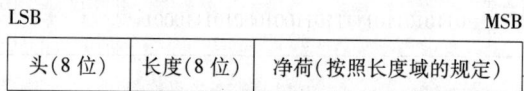

图 4.15　广播信道 PDU

头域(图 4.16)前 3 个数据位表示包的类型,具体的类型域编码如表 4.3 所列。头域的剩余部分表示包类型的特定信息,这些信息是为每一个广播信道 PDU 单独定义的。长度域的长度字段表示有效数据域的长度,这个长度是以 8 位的字节为单位的,如图 4.17 所示。广播信道的有效数据部分中含有包类型的依赖结构和包的内容。

LSB	MSB		LSB	MSB
类型（3 位）	头域（5 位）		长度（6 位）	保留（2 位）

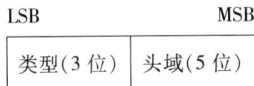

图 4.16　广播信道 PDU 的头域	图 4.17　广播信道 PDU 的长度域

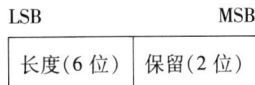

表 4.3　广播信道 PDU 头的类型域编码

类型 b₂b₁b₀	包	用　　法
000	ADV_IND	在可连接广播事件中由广播者设备所发送的广播包,也许会包含有效数据部分
001	ADV_NONCONN_IND	在可连接广播事件中由广播者设备所发送的广播包,也许会包含有效数据部分
010	SCAN_REQ	由扫描者设备所发送的扫描请求包,目的是为了请求更多的关于广播者设备的信息
011	SCAN_RSP	由扫描者设备所发送的扫描响应包,此包作为对来自于扫描者设备的请求包的响应
100	CONNECT_REQ	由发起者设备所发送连接请求包,目的是为了请求链路层的连接
101～111	保留	没有

　　前 2 个广播信道包被称为广播包,因为它们是由广播者设备自动发送的。这些包的区别在于:它们是否使用在可连接广播事件中或不可连接广播事件中。这些数据包可能会包含来自于 Host 层的数据。

1. ADV_IND

　　ADV_IND 数据包的结构和内容如图 4.18 所示,类型被设置为 0x0。头中的 AAdd 表示 AdvA 域中的广播者设备的地址是公有的(AAdd = 0)还是私有的(AAdd = 1)。长度表示有效数据部分(包含 AdvA 和数据)的长度,这个长度是以 8 位的字节为单位的。长度域的 2 个最高有效位是保留位被设置为 0,并且在接收时会忽略它们。有效数据域部分是由 AdvA 域和数据域 2 部分组成,AdvA 域包含广播者设备的地址,数据域包含广播者设备 Host 层的数据。

头			长　度		有效数据	
LSB MSB			LSB MSB		LSB MSB	LSB MSB
类型 (3 位)	AAdd (1 位)	RFU (4 位)	长度 (6 位)	保留 (2 位)	AdvA (48 位)	数据 (0B～31B)

图 4.18　ADV_IND 包的 PDU

59

2. ADV_NONCONN_IND

ADV_NONCONN_IND 数据包的结构和内容如图 4.19 所示,类型被设置为 0x1。头中的 AAdd 表示在 AdvA 域中的广播者设备地址是公有的(AAdd =0)还是私有的(AAdd =1)。长度表示有效数据部分(包含 AdvA 和数据)的长度,这个长度是以 8 位的字节为单位的。长度域的 2 个最高有效位是保留位,被设置为 0,在接收时会忽略它们。有效数据部分是由 48 位的 AdvA 域和 0B~31B 的数据域组成。AdvA 域包含广播者设备的地址。数据域包含来自于广播者设备 Host 层的任何数据。

头			长 度		有效数据	
LSB MSB			LSB MSB		LSB MSB	LSB MSB
类型 (3 位)	AAdd (1 位)	RFU (4 位)	长度 (6 位)	保留 (2 位)	AdvA (48 位)	数据 (0B~31B)

图 4.19　ADV_NONCONN_IND 包的 PDU

3. Scan_Req

Scan_Req 数据包的结构和内容如图 4.20 所示,类型被设置为 0x2。头中的 SAdd 表示在 PDU 有效数据部分中,ScanA 域中的扫描者设备的地址是公有的 (SAdd = 0)还是私有的(SAdd = 1)。头中的 AAdd 表示 PDU 有效数据部分中的 AdvA 域中的广播者设备的地址是公有的(AAdd = 0)还是私有的(AAdd = 1)。长度表示有效数据部分(包含 AdvA 和 ScanA)的长度,这个长度是以 8 位的字节为单位的。长度域的 2 个最高有效位是保留位,被设置为 0,在接收时会忽略它们。有效数据域部分是由 AdvA 域和 ScanA 域 2 部分组成。AdvA 域包含该数据包所发送的广播者设备的地址。扫描者设备的地址将被包含在 ScanA 域中。

头				长 度		有效数据	
LSB MSB				LSB MSB		LSB MSB	LSB MSB
类型 (3 位)	SAdd (1 位)	AAdd (1 位)	保留 (3 位)	长度 (6 位)	保留 (2 位)	ScanA (48 位)	AdvA (48 位)

图 4.20　Scan_Req 包的 PDU

4. Scan_Rsp

Scan_Rsp 数据包的结构和内容如图 4.21 所示,类型被设置为 0x3。头中的 AAdd 表示在 PDU 有效数据部分中,AdvA 域中的广播者设备的地址是公有的 (AAdd =0)还是私有的(AAdd =1)。长度表示有效数据部分的长度,这个长度

60

头			长 度		有 效 数 据
LSB MSB			LSB MSB		LSB MSB
类型 (3 位)	AAdd (1 位)	保留 (4 位)	长度 (6 位)	保留 (2 位)	扫描响应 (9B ~ 39B)

图 4.21 Scan_Rsp 包的 PDU

是以 8 位的字节为单位的,范围为 9B ~ 39B。长度域的 2 个最高有效位是保留位,被设置为 0,在接收时会忽略它们。

Scan_Rsp 包的有效数据部分的结构如图 4.22 所示。AdvA 域包含广播者设备的地址,数据包是从这个广播者设备发送出去的。ProfileID 用来表明一个广播者设备所支持的应用。MoreProf 用来表明广播者设备除了支持由 ProfileID 所表示的应用外,是否还支持其他的应用。MoreProf 被设置为 0 就表明没有其他的应用将被支持,如果被设置为 1 就表明广播者设备将支持其他的应用。EncReq 用来表明广播者设备是否请求以开放模式或加密模式去创建链路层链接。EncReq 被设置为 0 就表明是开放的链路层的链接,如果被设置为 1 就表明链路层的链接要以加密的模式去进行配置。RFU 将被设置为 0,并且在接收时将被忽略。AdvA 名字域包含了广播者设备的名字,这是一个采用 UTF – 8 格式从左到右进行编码的字符串。

LSB MSB	LSB MSB				LSB MSB
AdvA (48 位)	ProfileID (16 位)	MoreProf (1 位)	EncReq (1 位)	保留 (6 位)	AdvA 名字 (0B ~ 30B)

图 4.22 Scan_Rsp 包的有效数据部分的结构(扫描响应)

注意:扫描者设备的链路层并没有被要求对在数据有效部分中的任何值(如 EncReq)做出响应,但是,所有数值都将交付给 Host 层。

5. Connect_Req

Connect_Req 包的 PDU 结构如图 4.23 所示,类型被设置为 0x4。头中的 IAdd 表示在 PDU 有效数据部分中,InitA 域中的发起者设备的地址是公有的(AAdd = 0)还是私有的(AAdd = 1)。头中的 AAdd 表示在 PDU 有效数据部分中,AdvA 域中的广播者设备的地址是公有的(AAdd = 0)还是私有的(AAdd = 1)。长度表示有效数据部分的长度,这个长度是以 8 位的字节为单位的,范围为 26B ~ 28B。长度域的 2 个最高有效位是保留位被设置为 0,并且在接收时会忽略它们。

61

头				长 度		有 效 数 据		
LSBMSB				LSBMSB		LSB MSB	LSB MSB	LSB MSB
类型 (3 位)	IAdd (1 位)	AAdd (1 位)	保留 (3 位)	长度 (6 位)	保留 (2 位)	Add (16B)	链路层数据 (10B)	Host 层数据 (1B ~ 3B)

图 4.23　Connect_Req 包的 PDU

有效数据部分是由 Add,链路层数据,Host 层数据 3 部分所组成。分别如图 4.24、图 4.25、图 4.26 所示。

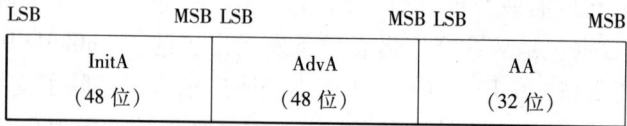

LSB　　　　　　　　MSB LSB	MSB LSB	MSB
InitA (48 位)	AdvA (48 位)	AA (32 位)

图 4.24　Connect_Req 包的有效数据部分 Add 域的结构

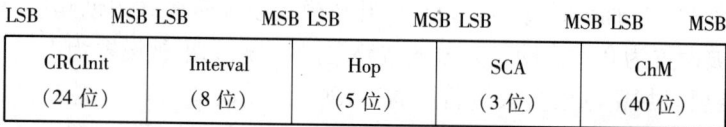

LSB　　MSB LSB	MSB LSB	MSB LSB	MSB LSB	MSB
CRCInit (24 位)	Interval (8 位)	Hop (5 位)	SCA (3 位)	ChM (40 位)

图 4.25　Connect_Req 包的有效数据部分链路层数据域的结构

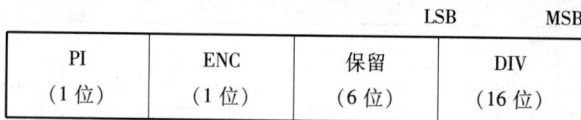

		LSB	MSB
PI (1 位)	ENC (1 位)	保留 (6 位)	DIV (16 位)

图 4.26　Connect_Req 包的有效数据部分 Host 层数据域的结构

Add 包含了 3 个数据域,分别为发起者设备地址(InitA),广播者设备地址(AdvA),链路层链接的介入地址(AA)。

链路层数据连接包含了连路层连接的链路层级别的控制数据域,分别为 CRCInit,Hop,SCA 和 ChM。在链路层连接中,CRCInit 用来表明 CRC 校验的初始值。Interval 用来表明链路层连接事件时间间隔参数 connInterval 的值,并且以 connInterval = Interval × 1.25ms 的形式给出。Interval 将有一个数值,其范围为 8 ~ 24。Hop 用来表明跳跃长度,这个长度使用在数据信道选择中。它也会有一个数值,范围为 5 ~ 16。SCA 用来表明睡眠时钟精确性,如表 4.4 所列。ChM 包含了信道分布,该信道分布就表明了已经被使用的数据信道和未被使用的数据信道。每一个信道都由一个数据位所代表,这个数据位是按照数据信道索引进行定位的。LSB 代表数据信道索引 0,第 36 个数据位代表数据信道索引

36。如果一个信道是被使用的信道,则它的数据位被设置为1。如果某个数据位的值为0,就表明这个信道没有被使用。第37、38、39个数据位被设置为0,并且在接收时将会被忽略。

表4.4 睡眠时钟精确性(SCA)编码

SCA	编　码	SCA	编　码
0	5.0×10^{-4}	4	7.5×10^{-5}
1	2.5×10^{-4}	5	5.0×10^{-5}
2	1.5×10^{-4}	6	3.0×10^{-5}
3	1.0×10^{-4}	7	2.0×10^{-5}

Host 层数据包含了链路层连接的 Host 层级别的控制数据域,分别为 PI、ENC 和 DIV。PI 表明了配对标识。ENC 表明了链路层的连接是以加密模式去运行(ENC =1)还是以开放模式(ENC =0)去运行。当 ENC =1 为 1 时,DIV 才有效。RFU 位是保留位,被设置为 0,并且在接收时将被忽略。

4.2.3　数据信道 PDU

数据信道的 PDU 是由 8 位头、8 位长度域、最大 31B 的数据所组成,具体结构如图 4.27 所示。

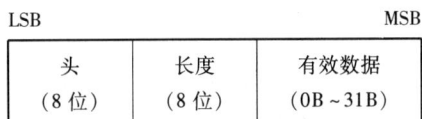

LSB		MSB
头 (8 位)	长度 (8 位)	有效数据 (0B ~31B)

图 4.27　数据信道 PDU

8 位的头有 4 个 1 位的数据域和 4 个未来使用的数据位,如图 4.28 所示。所有 1 位的数据域和它们的编码如表 4.5 所列。

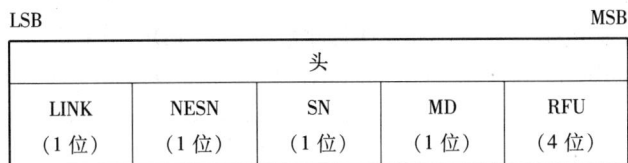

LSB		头		MSB
LINK (1 位)	NESN (1 位)	SN (1 位)	MD (1 位)	RFU (4 位)

图 4.28　数据信道 PDU 的头域

长度域的结构如图 4.29 所示,长度表示有效数据部分的长度,这个长度是以 8 位的字节为单位的,范围为 0B ~31B。3 个最高有效位是保留位,被设置为 0,并且在接收时将被忽略。

表4.5　数据信道 PDU 的头域的编码

域　名	目 的 和 编 码
LINK	这个数据位表明了包所属的逻辑连接,以及有效数据部分是否包含链路层数据包或者链路层控制包。 0 = 链路层数据包 1 = 链路层控制包
NESN	这个数据位表明了在链路层的链接中下一个来自于同等 ULP 蓝牙设备的被期望的包的序号。它将会按照确认方案被设置
SN	这个数据位表明了包的序号
MD	这个数据包是按照"连接事件的发送"中被定义的规则而设置的
RFU	这些数据位都是保留位,发送时被设置为0,接收时被忽略

长　度	
LSB　　　MSB	
长度 (5 位)	保留 (3 位)

图 4.29　数据信道 PDU 的长度域

有效数据部分的结构依赖于逻辑连接。

1. 链路层数据包

链路层数据包是指数据信道 PDU,此数据信道 PDU 用来把 Host 层的数据传送给同等设备。当 Host 层没有数据发送给从设备时,主设备的链路层会用它去轮询分组中没有有效净荷的从设备。当 Host 层没有数据发送给从设备时,从设备的链路层会用它对来自于主设备的轮询做出应答。在这 2 种情况中,分组中都没有数据,长度都被设置为 0,头中的 LINK 位也会被设置为 0。

2. 链路层控制包

链路层控制包是指数据信道 PDU,此数据信道 PDU 用来进行链路层的连接控制和维护,如图 4.30 所示,头中的 LINK 位被设置为 1。长度域中的 RFU 位

头					长　度		有 效 数 据	
					LSB　　MSB		LSB　　MSB	LSB　　MSB
LINK	NESN	SN	MD	RFU	长度 (5 位)	RFU (3 位)	CtrType (8 位)	CtrData

图 4.30　链路层控制包 PDU

64

是保留位,被设置为 0,在接收时会被忽略。长度表示有效数据部分的长度,这个长度是以 8 位的字节为单位的。有效数据部分是由 CtrType 和 CtrData 2 个数据域组成。

由 CtrType 域标识了控制包,7 个控制包是特定的,CtrType 的编码如表 4.6 所列。CtrData 域包含控制包特定的控制信息,以 UNKNOWN_RSP 包对任何无效的控制包(CtrType 被设置为一个保留值)做出响应。

表 4.6 CtrType 域的编码

CtrType	控制包的名字	CtrType	控制包的名字
0x00	CONNECTION_UPDATE_REQ	0x04	SEC_EMPTY_RSP
0x01	CHANNEL_MAP_REQ	0x05	SEC_SETUP_REQ
0x02	TERMINATE_IND	0x06	UNKNOWN_RSP
0x03	SEC_EMPTY_REQ	0x07 ~ 0xFF	保留

1)CONNECTION_UPDATE_REQ

CONNECTION_UPDATE_REQ 包格式如图 4.31 所示,其中 CtrData 域的结构和内容如图 4.32 所示。

头					长 度		有 效 数 据	
					LSB MSB		LSB MSB	LSB MSB
LINK	NESN	SN	MD	RFU	长度 (5 位)	RFU (3 位)	CtrType (8 位)	CtrData

图 4.31 CONNECTION_UPDATE_REQ 包结构

LSB MSB	LSB MSB	LSB MSB	LSB MSB
间隔时间 (16 位)	潜伏时间 (16 位)	超时时间 (16 位)	计数 (8 位)

图 4.32 CONNECTION_UPDATE_REQ 包的 CtrData 域

间隔时间表明链路层连接事件间隔时间参数 connInterval 的值,以下面的方式给出:connInterval = Interval × 1.25ms,间隔时间有一个数值,范围为 8 ~ 3200。

潜伏时间表明从设备潜伏参数 connSlaveLatency 的值,以下面的方式给出:connSlaveLatency = Latency,潜伏时间有一个数值,范围为 0 ~ 3200。

超时时间表明链路层链接超时参数 connTimeout 的值,以下面的方式给出:connTimeout = Timeout × 10ms,超时时间有一个数值,范围为 10 ~ 3200。

计数表明链路层连接事件的数量。这些链路层连接事件是在新的链路层连接参数被使用之前,包被发送这个事件开始计数的。计数有一个数值,范围为 6～255。

2)CHANNEL_MAP_REQ

CHANNEL_MAP_REQ 包结构如图 4.33 所示,其中的控制数据域的结构和内容如图 4.34 所示。

头					长　度		有 效 数 据	
					LSB MSB		LSB　MSB	LSB　MSB
LINK	NESN	SN	MD	RFU	长度 (5 位)	RFU (3 位)	CtrType (8 位)	CtrData

图 4.33　CHANNEL_MAP_REQ 包结构

LSB　　　　　　　MSB	LSB　MSB
信道分布 (40 位)	计数 (8 位)

图 4.34　CHANNEL_MAP_REQ 包的 CtrData 域

信道分布表明了已经被使用的和未被使用的链路层连接的数据信道。每一个信道都由一个数据位代表,这个数据位是按照数据信道索引进行定位的。LSB 代表数据信道索引 0,第 36 个数据位代表数据信道索引 36。如果一个信道是被使用的信道,则它的数据位被设置为 1。如果某个数据位的值为 0,就表明这个信道没有被使用。第 37、38、39 个数据位被设置为 0,并且在接收时将会被忽略。

计数表明了链路层连接事件的数量,这些链路层连接事件是在新的链路层链接参数被使用之前,包被发送这个事件开始计数的。RFU 位是保留位,被设置为 0,在接收时会被忽略。

3)TERMINATE_IND

TERMINATE_IND 包中的 CtrData 域是空的。

4)SEC_EMPTY_REQ

SEC_EMPTY_REQ 包中的 CtrData 域是空的。

5)SEC_EMPTY_RSP

SEC_EMPTY_RSP 包中的 CtrData 域是空的。

6)SEC_SETUP_REQ

SEC_SETUP_REQ 包中的 CtrData 域是空的。

7) UNKNOWN_RSP

UNKNOWN_RSP 包结构如图 4.35 所示,其中的 CtrData 域的结构和内容如图 4.36 所示。

头					长　度		有　效　数　据		
					LSB MSB		LSB　　　MSB	LSB　　　MSB	
LINK	NESN	SN	MD	RFU	长度 (5 位)	RFU (3 位)	CtrType (8 位)	CtrData	

图 4.35　UNKNOWN_RSP 包结构

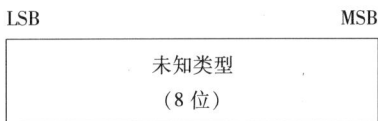

LSB	MSB
未知类型 (8 位)	

图 4.36　UNKNOWN_RSP 包的 CtrData 域

未知类型表明了链路层控制包的 CtrType 域的值,这个链路层控制包导致了这个包的发送。

4.3　比特流的处理

4.3.1　CRC 多项式

当链路层连接以开放模式运行时,所有广播信道包的 PDU 和数据信道包的 PDU 都会采用 CRC 校验。CRC 多项式是 24 位 CRC,并且所有的数据位都必须以发送的顺序被处理,发送时是以最低有效位开始的。多项式的形式为 $x_{24} + x_{10} + x_9 + x_6 + x_4 + x_3 + x + 1$。对于每一个数据信道包来说,移位寄存器会以链路层连接的 CRC 初始化数据集进行预设,并且会在 CONNECT_REQ 包中进行传送。对于每一个广播信道包来说,移位寄存器会以 0x555555 进行预设。最左边的数据位(第 0 位)会按照最低有效位被设置。最右边的数据位(第 23 位)会按照初始化数据的最高有效位被设置。CRC 在被发送时,首先发送的是最高有效位。例如,是从第 23 位到第 0 位的顺序被发送的,如图 4.37 所示。

4.3.2　数据白化

数据白化的目的就是为了避免在数据比特流中出现长 0…0 或 1…1 序列。白化被应用在所有包类型(广播信道包和数据信道包)的 PDU 和 CRC 域中。在

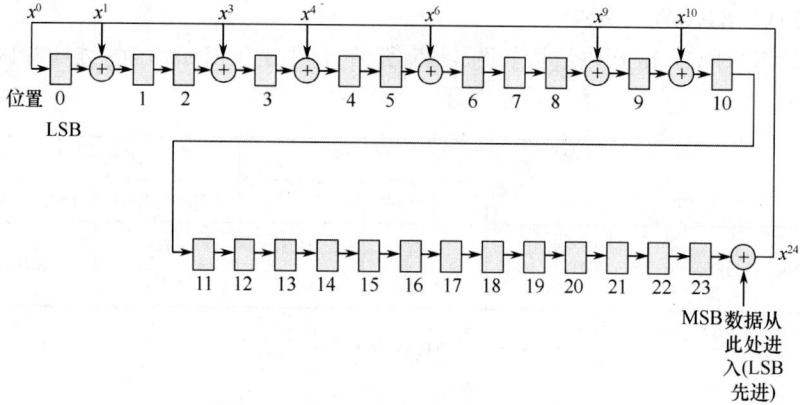

图 4.37 CRC 框图

发射机中,它是在错误检查计算之后进行的,在接收机中,它是在错误检查计算之前进行的。

白化器和解白化器是采用相同的方式进行定义的,如图 4.38 所示,都使用一个 7 位线性反馈移位寄存器。这个移位寄存器的多项式为 $x_7 + x_4 + 1$。在加扰之前,移位寄存器被一个由信道索引(数据信道索引和广播信道索引)得到的序列初始化。在这个信道索引中,包采用下面的形式进行发送:最左边的数据位总是最先发送,6 个最右边的数据位按照实际被使用的信道进行数据信道索引(例如,在重新映射之后的广播信道索引和数据信道索引),从最高有效位(第 1 位)到最低有效位(第 6 位)的顺序依次进行发送。数据白化的初始状态如图 4.39 所示。

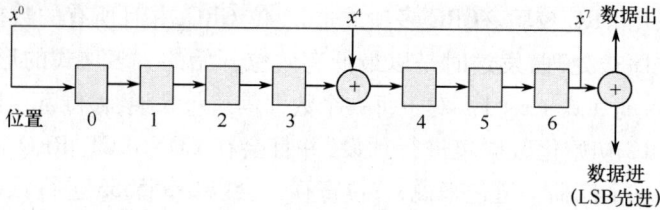

图 4.38 数据白化的框图

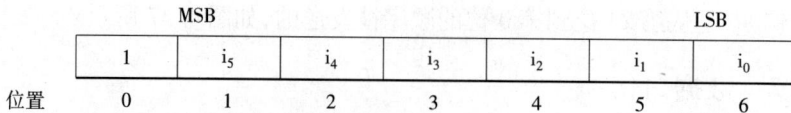

	MSB					LSB
1	i_5	i_4	i_3	i_2	i_1	i_0
位置 0	1	2	3	4	5	6

图 4.39 数据白化器的初始状态

第5章 主机接口规范

本章对主机控制接口的功能规范进行描述,详细分析了在主机控制接口中的命令和事件流。HCI 提供了对基带控制器和链路管理器的命令接口,以及对硬件配置参数的访问接口,该接口提供了对 ULP 蓝牙基带能力的统一访问模式。

5.1 命令和事件概览

命令和事件在 ULP 蓝牙 Host 层和 ULP 蓝牙 Radio 层之间发送。它们被按照 3 个等级的功能被分在了不同的逻辑组中。

5.1.1 管理等级

1. Radio 层的配置

Radio 层的配置命令用来重新设置和配置 Radio 层,属于这个功能组的命令为:

复位命令。

读缓冲区大小命令。

读公有设备地址命令。

设置私有设备地址命令。

读空滤波器数量命令。

写默认的滤波器策略命令。

将设备添加到设备地址白名单命令。

清除白名单上的设备地址命令。

写 Radio 层活动模式命令。

刷新命令。

设置事件屏蔽命令。

2. 设备发现

设备发现命令和事件用来控制广播和扫描功能,并且将扫描结果传送给

Host 层,属于这个功能组的命令和事件为:

写广播模式命令。

设置广播参数命令。

设置广播信道命令。

设置设备名称命令。

设置扫描响应参数命令。

写广播数据命令。

被完成的广播服务事件。

设置初始的随机向量命令。

写扫描模式命令。

设置扫描参数命令。

广播包报告事件。

扫描响应报告事件。

3. 链路层连接管理

链路层连接管理命令和事件允许一个设备与另一个设备进行链路层连接并且对这个连接进行管理,属于这个功能组的命令和事件为:

创建链路层连接命令。

停止创建链路层连接命令。

远程链路层连接请求事件。

链路层连接被创建的事件。

终止链路层连接命令。

链路层连接终止事件。

更新链路层连接参数命令。

链路层连接参数更新完成事件。

更新信道映射命令。

信道映射更新完成事件。

已完成的分组数量事件。

4. 安全管理

Radio 层安全管理命令和事件主要用于保护设备的隐私和对设备进行安全管理,属于这个功能组的命令和事件为:

设置密钥命令。

设置 IV 命令。

加密命令。

随机数命令。

配置加密命令。

加密配置请求事件。

加密配置完成事件。

5.1.2 测试

测试命令和事件主要用于对 ULP 蓝牙设备的鉴权和兼容 ULP 蓝牙无线电的测试。

5.1.3 通用事件

通用事件用来传递关于命令状态以及硬件出错等信息,属于这个功能组的事件为:

命令完成事件。

命令状态事件。

硬件出错事件。

5.2　HCI 的流控制

流控制的使用是从 Host 层到 Radio 层,避免造成 Radio 层数据缓冲区的溢出。在初始化时,Host 层发送 Read – Buffer – Size 指令。其中一个返回值定义了从 Host 层到 Radio 层的最大数据单元的大小。另外一个返回值指定了 Radio 层所拥有的数据包的数量,这些数据包都在 Radio 层的缓冲区中等待被发送。

当至少有 1 个链路层的连接时,Radio 层会使用"被完成的包的数量"这个事件去控制来自于 Host 层的数据流,这个事件包含了许多 HCI 数据包。从上一次该事件被返回以来,或者从链路层连接建立以来,这些数据包已经在链路层的连接中传送过。Host 层会基于 Radio 层缓冲区状态的信息做出决定,是否向 Radio 层提交新的数据,或者是否等待。

在 Radio 层到 Host 层方向上,没有直接的流控制。

5.3　HCI 的数据格式

5.3.1 数据和参数格式

除非特别说明,所有的数值都是以小尾格式(Little Endian 码)存储。当特别指定的时候,所有是负数值的参数必须使用 2 的补码。数组参数指定使用下面的标记法:参数 $A[i]$。如果有多个数组参数(例如,参数 $A[i]$,参数 $B[i]$),那么参数的顺序应该按下面的形式表示:参数 $A[0]$,参数 $B[0]$,参数 $A[1]$,参数 $B[1]$,…,参数 $A[n]$,参数 $B[n]$。

除非特别指明,所有参数值都以小尾格式(Little Endian 码)进行发送和接收。在一个位串中,右边的数据位是低位数据位,例如,对于二进制"10"来说,0 就是低位数据位。除了被明确说明以外,被标记为被保留未来使用(Reserved for Future Use,RFU)的数值和参数应该被设置为 0,并且在接收时被忽略。

5.3.2 HCI 命令分组

HCI 命令分组用来从 ULP 蓝牙 Host 层向 ULP 蓝牙 Radio 层发送命令,HCI 命令分组的格式如图 5.1 所示。

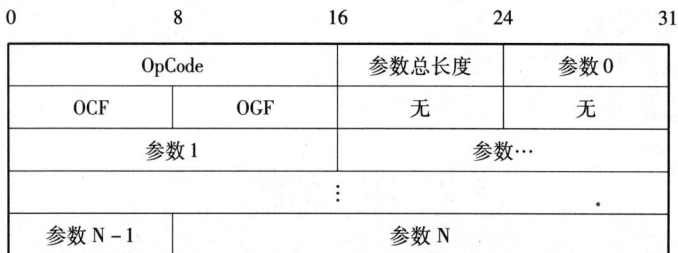

0	8	16	24	31
OpCode		参数总长度	参数 0	
OCF	OGF	无	无	
参数 1		参数…		
⋮				
参数 N – 1		参数 N		

图 5.1　HCI 命令分组

每一个命令被分配 2B 的标识符(OpCode),这个标识符对不同类型的命令进行标识。OpCode 分为 2 个不同的域,分别被称为 OpCode 组域(OGF)和 Op-Code 命令域(OCF)。OGF 占 OpCode 的高 6 位,在 ULP 蓝牙命令当中被设置为 0x07。OCF 占据 OpCode 的剩余 10 个数据位,并且由它来决定 ULP 蓝牙的 HCI 命令。OpCode 后面是占据 1B 的参数总长度域,这个参数表明了命令中所有参数的长度,这个长度是以 8 位字节为单位的。每一个命令都会有许多参数,这些参数和参数的大小都是为每一个命令定义的,每一个参数的长度都是 8 位字节的整数倍。

5.3.3 HCI 数据分组

HCI 数据分组主要用于 ULP 蓝牙 Host 层和 ULP 蓝牙 Radio 层之间的数据交换,HCI 数据分组的格式如图 5.2 所示。

这个数据分组的前 12 个数据位(连接 ID)确定了包所属的链路层的连接。当一个新的连接被创建时,连接 ID 的值由 ULP 蓝牙 Radio 层进行分配,且取值范围为 0x000 ~ 0xEFF。0xF00 到 0xFFF 之间的数值作保留用。PB 总是设置为

00,BC 总是设置为 00。之后的 16 个数据位(数据总长度)表明了包中数据的总长度,这个长度是以 8B 为单位的。数据域是以升序字节顺序进行排序的。

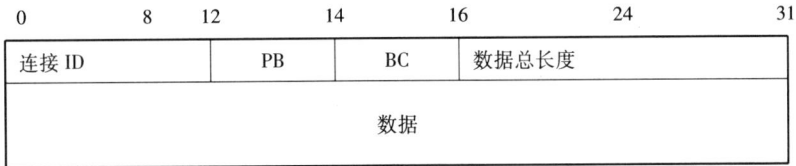

0	8	12	14	16	24	31
连接 ID		PB	BC	数据总长度		
数据						

图 5.2   HCI 数据分组

5.3.4　HCI 事件分组

当有事件发生时,ULP 蓝牙 Radio 层使用 HCI 事件分组向 ULP 蓝牙 Host 层做出通知。HCI 事件分组的格式如图 5.3 所示。

0	8	16	24	31
事件码		参数总长度	参数 0	
参数 1		参数…		
⋮				
参数 $N-1$		参数 N		

图 5.3   HCI 事件分组

每一个事件被分配 1B 的事件标识符(事件码),这个事件码被用来唯一的确定事件的类型,它位于 HCI 事件分组的第 1B。包的第 2B 包含了数据总长度域,它表明了包中的所有参数的长度,这个长度是以 8 位字节为单位的。每一个事件都有许多参数,这些参数和参数的大小都是为每一个事件定义的。每一个参数的长度都是 8 位字节的整数倍。

5.4　HCI 命令和事件

5.4.1　管理等级命令

总的来说,HCI 有 2 种等级的命令:局部命令和系统命令。局部命令会对某些 Radio 层中的行为做出要求,但是它和其他 ULP 蓝牙设备的行为或者 ULP 蓝牙包的接收行为是无关的。当命令完成时,产生的 HCI_Command_Complete 事件是对这些命令的唯一响应。对于局部命令来说,并没有定义命令超时。

系统命令会导致 Radio 层的行为,这些行为的执行时间取决于其他 ULP 蓝牙设备的行为。当接收命令时,Radio 层会产生 HCI_Command_Status 事件。命令的执行还会导致一系列的事件,一旦命令执行完成,就会产生 HCI_Command_

Complete 事件。每一个系统命令都有它自己的停止命令,当需要的时候,它会被 Host 层用来停止命令的执行。系统命令还有被指定的命令超时,目的就是为了能够在 Radio 层中去执行,以避免在 HCI 中采用系统命令时的死锁。

1. Radio 层的配置

1)复位命令

在核心蓝牙规范中所指定的复位命令用来对 ULP 蓝牙的 Radio 层进行复位。

复位的结果使 ULP 蓝牙 Radio 层进入到空闲状态并且放弃了它可能拥有的所有角色(主角色,从角色,广播者角色,扫描者角色)。所有的链路层连接将会丢失,且都不是正常的对它们进行终止。Radio 层将自动恢复参数的默认数值。这个命令将是 Host 层被初始化之后的第 1 个被发布的命令。

2)读缓冲区大小命令

读缓冲区大小命令如表 5.1 所列。

表 5.1 读缓冲区大小命令

命 令	OCF	命令参数	返回参数
HCI_Read_Buffer_Size			Status Data_Packet_Length Num_Data_Packets

HCI_Read_Buffer_Size 命令用来读取在发送方向中,Radio 层所具有的缓冲区的容量大小。该命令的返回值是 HCI 数据分组的最大值以及在发送缓冲区中 Radio 层能够容纳的数据包的个数。HCI_Read_Buffer_Size 是由 Host 层发送的,而且必须是在向 Radio 层发送其他数据之前。

命令参数:空。返回参数如表 5.2 所列。

表 5.2 返回参数

参 数	大小/B	参 数 描 述
Status	1	0x00 = 命令成功 (0x01 ~ 0xFF) = 命令失败
Data_Packet_Length	2	Radio 层能够接收的 HCI 数据分组的数据部分的最大长度(以 8 位字节为单位)
Num_Data_Packets	1	被存储在 Radio 层中的等待被发送的数据分组的总长度

当这个命令被执行完的时候,会有一个 HCI_Command_Complete 事件被产生。

74

3）读公有设备地址命令

读公有设备地址命令如表5.3所列。

表5.3 读公有设备地址命令

命　令	OCF	命令参数	返回参数
HCI_Read_Public_Device_Address			Status Address

HCI_Read_Public_Device_Address 命令用来读取48位的公有设备地址。

命令参数:空。

返回参数如表5.4所列。

表5.4 返回参数

参　数	大小/B	参　数　描　述
Status	1	0x00 = 命令成功 (0x01 ~ 0xFF) = 命令失败
Address	6	48位的设备地址

当这个命令被执行完的时候,会有一个 HCI_Command_Complete 事件被产生。

设置私有设备地址命令如表5.5所列。

表5.5 设置私有设备地址命令

命　令	OCF	命令参数	返回参数
HCI_Set_Private_Device_Address		Address	Status

HCI_Set_Private_Device_Address 命令用来设置48位的私有设备地址。命令参数如表5.6所列。

表5.6 命令参数

参　数	大小/B	参　数　描　述
Address	6	48位私有设备地址

返回参数如表5.7所列。

表5.7 返回参数

参　数	大小/B	参　数　描　述
Status	1	0x00 = 命令成功 (0x01 ~ 0xFF) = 命令失败

当这个命令被执行完的时候,会有一个 HCI_Command_Complete 事件被产生。

4）读空滤波器个数命令

读空滤波器个数命令如表5.8所列。

75

表 5.8　读空滤波器个数命令

命　令	OCF	命令参数	返回参数
HCI_Read_Empty_Filter_Entry_Number			Status Num_Entries

这个命令用来读取位于 Radio 层中设备地址白名单里的空滤波器个数。
命令参数：空。返回参数如表 5.9 所列。

表 5.9　返回参数

参　数	大小/B	参　数　描　述
Status	1	0x00 = 命令成功 (0x01 ~ 0xFF) = 命令失败
Num_Entries	1	Radio 层中的设备地址白名单中的空的进入 次数范围：0x01 ~ 0xFF

当这个命令被执行完的时候，会有一个 HCI_Command_Complete 事件被产生。

5）写默认过滤器策略命令

写默认过滤器策略命令如表 5.10 所列。

表 5.10　写默认过滤器策略命令

命　令	OCF	命令参数	返回参数
HCI_Write_Default_Filter_Policy		Policy_Target Policy	Status

HCI_Write_Default _Filter_Policy 命令用来设置不在设备地址白名单中的所有设备的默认过滤策略。

命令参数如表 5.11 所列。

表 5.11　命令参数

参　数	大小/B	参　数　描　述
Policy_Target	1	表明这个默认的策略是否应用到广播者设备或扫描者设备 0x00 = 广播者设备的默认策略 0x01 = 扫描者设备的默认策略
Policy	1	表明不在设备地址白名单中的所有设备的默认策略 0x00 = 所有的未知设备都被列入黑名单。与广播者设备和扫描者设备都相关 0x01 = 允许扫描(所有未知设备的扫描请求将会被处理,但是连接请求都不被处理)。只与广播者设备相关 0x02 = 允许连接(所有未知设备的扫描请求将会被忽略,但是连接请求都会被处理)。只与广播者设备相关 0x00 = 所有的未知设备都被列入白名单。与广播者设备和扫描者设备都相关 (0x04 ~ 0xFF) = 被保留供将来使用

返回参数如表 5.12 所列。

表 5.12　返回参数

参　数	大小/B	参数描述
Status	1	0x00 = 命令成功 (0x01 ~ 0xFF) = 命令失败

当这个命令被执行完的时候,会有一个 HCI_Command_Complete 事件被产生。

6) 添加设备添加设备到设备地址白名单命令如表 5.13 所列。到设备地址白名单命令

表 5.13　添加设备到设备地址白名单命令

命　令	OCF	命令参数	返回参数
HCI_Add_Device_White_List		Address_Type Address	Status

HCI_Add_Device_White_List 命令用来将一个设备的地址添加到设备地址白名单中。

命令参数如表 5.14 所列。

表 5.14　命令参数

参　数	大小/B	参　数　描　述
Address_Type	1	表明被添加到名单中的设备 地址类型 0x00 = 公有地址 0x01 = 私有地址 (0x02 ~ 0xFF) = 被保留
Address	6	将要被添加到白名单中的设备地址

返回参数如表 5.15 所列。

表 5.15　返回参数

参　数	大小/B	参数描述
Status	1	0x00 = 命令成功 (0x01 ~ 0xFF) = 命令失败

当这个命令被执行完的时候,会有一个 HCI_Command_Complete 事件被产生。

7) 清除设备地址白名单命令

清除设备地址白名单命令如表 5.16 所列。

表 5.16　清除设备地址白名单命令

命　令	OCF	命令参数	返回参数
HCI_Clear_Device_White_List			Status

HCI_Clear_Device_White_List 命令被用来清除设备地址白名单中的所有设备。

命令参数：空。返回参数如表 5.17 所列。

表 5.17　返回参数

参　数	大小/B	参数描述
Status	1	0x00 = 命令成功 (0x01～0xFF) = 命令失败

当这个命令被执行完的时候，会有一个 HCI_Command_Complete 事件被产生。

8）写 Radio 层活动模式命令

写 Radio 层活动模式命令如表 5.18 所列。

表 5.18　写 Radio 层活动模式命令

命　令	OCF	命令参数	返回参数
HCI_Write_Radio_Activity_Mode		Active_or_Inactive	Status

HCI_Write_Radio_Activity_Mode 命令用来请求 Radio 层停止或恢复它的在空中接口中的操作。当 Radio 层被设置为非活动模式，它将不会向空中发送任何东西，并且在链路层连接中的来自于同等设备的所有发射会被丢失。但是，Radio 层将保持所有的计时器处于运转状态。因此，在能够引起链路层连接丢失的非活动时期内，链路层连接的超时计时器有可能会达到最大值。当 Radio 层被返回为活动模式，在非活动时期之前，如果链路层的连接因为超时而丢失时，它会恢复除了主角色或从角色之外的它所拥有的所有角色。

命令参数如表 5.19 所列。

表 5.19　命令参数

参　数	大小/B	参　数　描　述
Active_or_Inactive	1	表明 Radio 层是否被请求进入到活动或非活动模式 0x00 = 活动模式 0x01 = 非活动模式 (0x02～0xFF) = 被保留供未来使用

返回参数如表 5.20 所列。

表 5.20   返回参数

参　数	大小/B	参 数 描 述
Status	1	0x00 = 命令成功 (0x01 ~ 0xFF) = 命令失败

当这个命令被执行完的时候,会有一个 HCI_Command_Complete 事件被产生。

9）刷新命令

刷新命令如表 5.21 所列。

表 5.21   刷新命令

命　令	OCF	命令参数	返回参数
HCI_Flush		ConnectionID	Status

HCI_Flush 命令用来丢弃 Radio 层中的等待被发送的所有数据。这个命令不能用来刷新等待被重新发送的数据分组。普通的 HIF_Num_Completed_Packets 事件不会受到这个命令的影响。如果一个包存储在 Radio 层中并且没有被发送,它将会被刷新,并且会产生一个 HIF_Num_Completed_Packets 事件。

命令参数如表 5.22 所列。

表 5.22   命令参数

参　数	大小/B	参 数 描 述
ConnectionID	2	链路层连接的唯一标识符

返回参数如表 5.23 所列。

表 5.23   返回参数

参　数	大小/B	参 数 描 述
Status	1	0x00 = 命令成功 (0x01 ~ 0xFF) = 命令失败

当这个命令被执行完的时候,会有一个 HCI_Command_Complete 事件被产生。

10）设置事件掩码命令

设置事件掩码命令如表 5.24 所列。

表 5.24   设置事件掩码命令

命　令	OCF	命令参数	返回参数
HCI_Set_Event_Mask		Event_Mask	Status

HCI_Set_Event_Mask 命令通过主机的 HCI 来控制事件产生。如果 Event_Mask 被设置为 1,那么与这个数据位有关的事件产生。事件屏蔽允许主机控制

中断数量。

命令参数如表 5.25 所列。

表 5.25　命令参数

参　数	大小(单位:8 位字节)	参　数　描　述
Event_Mask	8	0x0000000000000000 = 无指定事件 (0x0000000000000001 ~ 0x000FFFFFFFFFFFFF) = 被保留 0x0001000000000000 = 广播完成事件 0x0002000000000000 = 广播分组报告事件 0x0004000000000000 = 扫描响应事件 0x0008000000000000 = 远程链路层连接请求事件 0x0010000000000000 = 链路层连接创建事件 0x0020000000000000 = 链路层连接终止事件 0x0040000000000000 = 链路层连接参数更新完成事件 0x0080000000000000 = 信道映射更新完成事件 0x0100000000000000 = 被完成的分组数量事件 0x0200000000000000 = 加密配置请求事件 0x0400000000000000 = 加密配置完成事件 0x0800000000000000 = 命令完成事件 0x1000000000000000 = 命令状态事件 0x2000000000000000 = 硬件错误事件 0x4000000000000000 = 保留 0x8000000000000000 = 保留 0x2FFF000000000000 = 缺省(所有事件允许)

返回参数如表 5.26 所列。

表 5.26　返回参数

参　数	大小/B	参　数　描　述
Status	1	0x00 = 命令成功 (0x01 ~ 0xFF) = 命令失败

当这个命令被执行完的时候,会有一个 HCI_Command_Complete 事件被产生。

2. 设备发现命令

1)写广播模式命令

写广播式命令如表 5.27 所列。

表 5.27　写广播模式命令

命　令	OCF	命令参数	返回参数
HCI_Write_Advertise_Mode		On_or_Off	Status

80

HCI_Write_Advertise_Mode 命令用来请求 Radio 层开始或停止广播。如果该命令被成功的执行,那么 Radio 层将开始执行广播者的角色。Radio 层按照在 HCI_Set_Advertise_Parameters 命令中给出的广播参数去处理实际的广播定时。

Radio 层继续运行广播服务,直到 Host 层发布命令参数为 Off 的 HCI_Write_Advertise_Mode 命令,或者直到接收一个链路层连接请求包为止。在这两种情况中,广播都会被停止。由于来自 Host 层的停止命令使得广播停止时,将会产生 HCI_Advertising_Completed 事件。

命令参数如表 5.28 所列。

表 5.28　命令参数

参　数	大小/B	参　数　描　述
On_or_Off	1	表明广播是否开始或结束 0x00 = On(开始广播) 0x01 = Off(停止广播) 0x02~0xFF = 被保留

返回参数如表 5.29 所列。

表 5.29　返回参数

参　数	大小/B	参　数　描　述
Status	1	0x00 = ULP 蓝牙 Radio 层开始/结束广播 (0x01~0xFF) = 命令失败

当 Radio 层将 HCI_Command_Complete 事件发送到 Host 层时,广播模式开始。

当来自于 Host 层的停止命令使得广播服务完成时,将会产生一个 HCI_Advertising_Completed 事件。

2)设置广播参数命令

设置广播参数命令如表 5.30 所列。

表 5.30　设置广播参数命令

命　令	OCF	命令参数	返回参数
HCI_Set_Advertise_Parameters		Adv_Interval Event_Type Address_Type	Status

HCI_Set_Advertise_Parameters 命令用来设置广播时间间隔、广播事件类型和在广播中所使用的设备地址类型。

命令参数如表 5.31 所列。

表 5.31　命令参数

参　数	大小/B	参　数　描　述
Adv_Interval	2	决定了 2 个连续的广播事件的开始时间之间的时间间隔和以下面的形式定义了广播时间间隔参数 advInterval = Adv_Interval×0.625 ms advInterval range：20 ms ~ 10.24 s 如果参数被设置为 0,会请求连续的广播
Event_Type	1	表明广播事件的类型 0x00 = 可连接事件 0x01 = 不可连接事件 (0x02 ~ 0xFF) = 被保留
Address_Type	1	表明在广播包中使用的设备地址类型 0x00 = 公有地址 0x01 = 私有地址 (0x02 ~ 0xFF) = 被保留

返回参数如表 5.32 所列。

表 5.32　返回参数

参　数	大小/B	参　数　描　述
Status	1	0x00 = 命令成功 (0x01 ~ 0xFF) = 命令失败

当该命令被执行完的时候,会产生一个 HCI_Command_Complete 事件。

3)设置广播信道命令

设置广播信道命令如表 5.33 所列。

表 5.33　设置广播信道命令

命　令	OCF	命令参数	返回参数
HCI_Set_ADV_Channels		Adv_Channel_Map	Status

HCI_Set_ADV_Channels 命令用来定义使用哪个广播信道和不使用哪个广播信道。

命令参数如表 5.34 所列。

表 5.34　命令参数

参　数	大小/B	参　数　描　述
Adv_Channel_Map	1	定义在广播中使用和未被使用的广播信道 LSB 代表广播信道索引 37。第 2 个 LSB 代表信道索引 38。第 3 个 LSB 代表信道索引 39。 如果信道是被使用的信道,它的数据位会被设置为 1。数据位被设置为 0 表明信道未被使用。 5 个 MSB 被保留供未来使用

返回参数如表5.35所列。

表5.35　返回参数

参　数	大小/B	参数描述
Status	1	0x00 = 命令成功 (0x01 ~ 0xFF) = 命令失败

当 HCI_Set_ADV_Channels 命令被执行完的时候,会产生一个 HCI_Command_Complete 事件。

4)设置设备名字命令

设置设备名字命令如表5.36所列。

表5.36　设置设备名字命令

命　令	OCF	命令参数	返回参数
HCI_Set_Device_Name		Name	Status

HCI_Set_Device_Name 命令用来修正 ULP 蓝牙设备的友好用户名字。

命令参数如表5.37所列。

表5.37　命令参数

参　数	大小/B	参数描述
Name	30	设备描述性的名字,从左到右采用 UTF-8 编码的字符串。 如果名字小于30个字节,则名字的末尾采用 NULL(0x00)字节表示并且剩余的字节中没有有效的数值

返回参数如表5.38所列。

表5.38　返回参数

参　数	大小/B	参数描述
Status	1	0x00 = 命令成功 (0x01 ~ 0xFF) = 命令失败

当 HCI_Set_Device_Name 命令执行完的时候,会产生一个 HCI_Command_Complete 事件。

5)设置扫描响应参数命令

设置扫描响应参数命令如表5.39所列。

表 5.39 设置扫描响应参数命令

命　令	OCF	命令参数	返回参数
HCI_Set_Scan_Rsp_Parameters		ProfileID More_Profiles Encryption_Required	Status

这个命令用来向 Radio 层的 SCAN_RSP 包提供信息。

命令参数如表 5.40 所列。

表 5.40 命令参数

参　数	大小/B	参　数　描　述
ProfileID	2	表明应用 1 支持并且想要在 SCAN_RSP 包中声明 该参数的取值范围为 0x0000 ~ 0xFFFF
More_Profiles	1	表明除了由 ProfileID 所指定的 1 之外,1 是否支持其他的应用 0x00 = 不支持其他的应用 0x01 = 支持其他的应用 (0x02 ~ 0xFF) = 被保留
Encryption_Required	1	表明广播者设备是以开放模式请求创建链路层连接还是以 加密模式请求创建链路层连接 0x00 = 开放模式 0x01 = 加密模式 (0x02 ~ 0xFF) = 被保留

返回参数如表 5.41 所列。

表 5.41 返回参数

参　数	大小/B	参　数　描　述
Status	1	0x00 = 命令成功 (0x01 ~ 0xFF) = 命令失败

当 HCI_Set_Rsp_Parameters 命令执行完的时候,会产生一个 HCI_Command_Complete 事件。

6)写广播数据命令

写广播数据命令如表 5.42 所列。

表 5.42 写广播数据命令

命　令	OCF	命令参数	返回参数
HCI_Write_ADV_Data		Data_Len Data	Status

HCI_Write_ADV_Data 命令用来向广播包提供数据。哪一个广播包被使用取决于 HCI_Set_Advertise_Parameters 命令决定的广播事件的类型。

命令参数如表 5.43 所列。

表 5.43　命令参数

参　数	大小/B	参　数　描　述
Data_Len	1	表明数据的大小(单位:B) 0x00 = 没有数据被嵌入到广播包中 (0x01 ~ 0x1F) = 数据的数量(单位:B) (0x20 ~ 0xFF) = 被保留
Data	Data_Len × 1	将被嵌入到广播包中的数据

返回参数如表 5.44 所列。

表 5.44　返回参数

参　数	大小/B	参　数　描　述
Status	1	0x00 = 命令成功 (0x01 ~ 0xFF) = 命令失败

当 HCI_Write_ADV_Data 命令被执行完的时候,会产生一个 HCI_Command_ Complete 事件。

7)设置初始随机向量命令

设置初始随向量命令如表 5.45 所列。

表 5.45　设置初始随机向量命令

命　令	OCF	命令参数	返回参数
HCI_Set_Initial_ Random_Vector		Data_Len Data	Status

HCI_Set_Initial_ Random_Vector 命令用来提供初始的随机向量,这个向量将在链路层连接的第一个数据分组中进行发送。注意,该向量保留了一个数据分组缓冲区,在数据流控制中也应该考虑它。因为这个向量和普通数据分组一样进行发送,只要 HCI_Num_Completed_Packets 事件的发送一完成,Host 层就会得到通知。

命令参数如表 5.46 所列。

表 5.46　命令参数

参　数	大小/B	参　数　描　述
Data_Len	1	表明随机向量的大小(单位:B) 0x00 = 没有初始的随机向量 (0x01 ~ 0x1F) = 初始随机向量的大小(单位:B) (0x20 ~ 0xFF) = 被保留
Data	Data_Len × 1	将要在第 1 个链路层数据分组中被发送给主设备的数据

返回参数如表 5.47 所列。

表 5.47　返回参数

参　　数	大小/B	参　数　描　述
Status	1	0x00 = 命令成功 (0x01 ~ 0xFF) = 命令失败

当这个命令被执行完的时候,会产生一个 HCI_Command_Complete 事件。

当这个初始的随机向量在链路层连接的第 1 个数据分组中被发送后,会产生一个 HCI_Data_Packet_Transmitted 事件。

8)写扫描模式命令

写扫描模式命令如表 5.48 所列。

表 5.48　写扫描模式命令

命　　令	OCF	命令参数	返回参数
HCI_Write_Scan_Mode		On_or_Off	Status

HCI_Write_Scan_Mode 命令用来请求 Radio 层开始或停止扫描服务。Radio 层将会处理扫描事件的定时。扫描参数是由 HCI_Set_Scan_Parameters 命令进行定义的。

如果这个命令将要开始扫描服务,并且被成功执行,则 Radio 层将开始执行扫描者的角色。Radio 层会继续运行扫描服务,直到 Host 层发布一个参数为 Off 的 HCI_Write_Scan_Mode 命令。

命令参数如表 5.49 所列。

表 5.49　命令参数

参　　数	大小/B	参　数　描　述
On_or_Off	1	表明扫描是否开始或结束 0x00 = On(开始扫描) 0x01 = Off(停止扫描) (0x02 ~ 0xFF) = 被保留

返回参数如表 5.50 所列。

表 5.50　返回参数

参　　数	大小/B	参　数　描　述
Status	1	0x00 = ULP 蓝牙 Radio 层开始/结束扫描服务 (0x01 ~ 0xFF) = 命令失败

无论 Radio 层激活或未激活该扫描服务,都会产生一个 HCI_Command_Complete 事件。

HCI_Adv_Packet_Report 和 HCI_Scan_Response_Report 事件都是在扫描期间发送给 Host 层进行信息收集的。

9)设置扫描参数命令

设置扫描参数命令如表 5.51 所列。

表 5.51 设置扫描参数命令

命 令	OCF	命令参数	返回参数
HCI_Set_Scan_Parameters		Scan_Mode Address_Type Scan_Interval Scan_Window	Status

HCI_Set_Scan_Parameters 命令用来配置扫描服务参数。Scan_Mode 命令参数指定了是采用主动扫描还是采用被动扫描。Address_Type 命令参数指定了在 SCAN_REQ 包中是使用公有地址还是使用私有地址。Scan_Interval 命令参数指定了一个设备扫描的频繁度。Scan_Window 命令参数指定了一个设备扫描的长度。它们决定了在主设备中的 scanInterval 和 scanWindow 参数。scanInterval 可以有一个数值,这个数值是 0.625ms 的整数倍,范围为 2.5 ms ~ 10.24 s。scanWindow 可以有一个数值,这个数值是 0.625ms 的整数倍,范围为 2.5 ms ~ 10.24s。scanWindow 总是被设置为一个数值,这个数值不大于 scanInterval 设置的数值。如果它们被 Host 层设置为相同的数值,则扫描将会继续运行。

命令参数如表 5.52 所列。

表 5.52 命令参数

参 数	大小/B	参 数 描 述
Scan_Mode	1	表明被请求的扫描类型 0x00 = 被动扫描 0x01 = 主动扫描
Address_Type	1	表明在 SCAN_REQ 包中被使用的设备地址类型 0x00 = 公有地址 0x01 = 私有地址 (0x02 ~ 0xFF) = 被保留
Scan_Interval	2	决定了 2 个连续的周期的开始点之间的被推荐的时间,在这段时间中扫描者设备工作在广播信道中 以下面的形式决定了 scanInterval 参数 scanInterval = Scan_Interval × 0.625 ms scanInterval 范围: 2.5 ms ~ 10.24 s Scan_Interval 范围: 0x0004 ~ 0x41A0

参　数	大小/B	参　数　描　述
Scan_Window	2	决定了工作在广播信道中的被推荐的周期长度 以下面的形式决定了 scanWindow 参数 scanWindow ＝ Scan_Window ×0. 625 ms scanWindow 范围：2. 5 ms ~10. 24 s Scan_Window 范围：0x0004 ~0x41A0

返回参数如表 5. 53 所列。

表 5. 53　返回参数

参　数	大小/B	参　数　描　述
Status	1	0x00 ＝ ULP 蓝牙 Radio 层已经成功配置扫描参数 （0x01 ~0xFF）＝命令失败

当 HCI_Set_Scan_Parameters 命令执行完的时候,会产生一个 HCI_Command_Complete 事件。

10)创建链路层连接命令

创建链路层连接命令如表 5. 34 所列。

表 5. 54　创建链路层连接命令

命　令	OCF	命令参数	返回参数
HCI_Create_LL_Connection		Scan_Interval Scan_Window Address_Type_Peer Peer_Address Address_Type_Own Own_Address Conn_Interval Hop_Length Channel_Map Pairing_Identity Encrypted Diversifier	Status

HCI_Create_LL_Connection 命令用来创建一个与远程的 ULP 蓝牙设备的链路层的连接。如果成功创建了连接,那么本地 ULP 蓝牙 Radio 层将进入到连接状态,Radio 层将分配一个本地唯一的连接标识符。在 HCI 中使用的 ConnectionID 作为链路层连接的标识符。ConnectionID 在 HCI 数据分组中被作为一个样本使用,以表明它属于哪一个链路层连接。

HCI 连接请求的 Peer Address 参数将会覆盖任何已有的地址过滤机制的设置。

命令参数如表 5.55 所列。

表 5.55 命令参数

参　数	大小/B	参　数　描　述
Scan_Interval	2	决定了 2 个连续的周期的开始点之间的被推荐的时间,在这段时间中发起者设备工作在广播信道中以下面的形式决定了 scanInterval 参数 scanInterval = Scan_Interval × 0.625 ms scanInterval 范围:2.5 ms ~ 10.25 s Scan_Interval 范围:0x0004 ~ 0x41A0
Scan_Window	2	决定了工作在广播信道中的被推荐的周期长度 以下面的形式决定了 scanWindow 参数 scanWindow = Scan_Window × 0.625 ms scanWindow 范围:2.5 ms ~ 10.25 s Scan_Window 范围:0x0004 ~ 0x41A0
Address_Type_Peer	1	表明了广播者设备地址的类型 0x00 = 公有地址 0x01 = 私有地址 (0x02 ~ 0xFF) = 被保留
Peer_Address	6	同等 ULP 蓝牙设备的设备地址,连接会被创建在这个地址上
Address_Type_Own	1	表明了是使用自己的公有设备地址还是使用自己的私有设备地址 0x00 = 公有地址 0x01 = 私有地址 (0x02 ~ 0xFF) = 被保留
Own_Address	6	只有 Address_Type 被设置为 0x01 时,是发起者设备的私有地址。如果 Address_Type 被设置为 0x00,则这个数据域就不是现存的,并且在 Radio 层中的可使用的公有设备地址会被使用
Hop_Length	1	表明了在数据信道选择算法中所使用的跳跃长度,范围:5 ~ 16
Conn_Interval	1	以下面的形式定义了连接事件时间间隔参数: connInterval = Conn_Interval × 1.25 ms Conn_Interval 范围:0x08 ~ 0x18

参　数	大小/B	参　数　描　述
Channel_Map	5	定义了链路层连接的使用和未被使用的数据信道。每一信道都会由一个数据位代表，这些数据位是按照数据信道索引被定位的。最低有效位（第 0 位）代表了数据信道索引 0，第 36 位代表了数据信道索引 36。如果信道是被使用的信道，则它的数据位会被设置为 1，如果信道是未被使用的信道，则它的数据位会被设置为 0。 3 个最高有效位被保留供未来使用
Pairing_Identity	1	表明配对标识
Encrypted	1	表明了链路层的连接是以加密模式运行还是以开放模式运行 0x00 ＝开放模式 0x01 ＝加密模式 （0x02 ~ 0xFF）＝被保留
Diversifier	2	表明了密钥的多样化 只有 Encrypted ＝ 0x01 才有效

返回参数：空。

当 Radio 层接收到这个命令，会产生一个 HCI_Command_Status 事件。

当链路层连接创建完成时，会产生一个 HCI_LL_Connection_Created 事件。

11）停止创建链路层连接命令

停止创建链路层连接命令如表 5.56 所列。

表 5.56　停止创建链路层连接命令

命　令	OCF	命令参数	返回参数
HCI_Stop_LL_Connection_Creation			Status

HCI_Stop_LL_Connection_Creation 命令用来取消先前给定的正在等待的链路层连接创建命令（例如，没有接收到 HCI_LL_Connection_Created 事件），然后通知 Radio 层去停止链路层中的广播包和数据分组中的所有连接创建进程。

命令参数：空。

返回参数如表 5.57 所列。

表 5.57　返回参数

参　数	大小/B	参　数　描　述
Status	1	0x00 = ULP 蓝牙 Radio 层已经成功配置扫描参数 （0x01～0xFF）= 命令失败

当执行完 HCI_Stop_LL_Connection_Creation 命令的时候,会产生一个 HCI_Command_Complete 事件。

12）终止链路层连接命令

终止链路层连接命令如表 5.58 所列。

表 5.58　终止链路层连接命令

命　令	OCF	命令参数	返回参数
HCI_Terminate_LL_Connection		ConnectionID	

HCI_Terminate_LL_Connection 命令用来终止连接。如果连接终止成功并且没有其他的连接,则本地 ULP 蓝牙的 Radio 层进入到空闲状态。

命令参数如表 5.59 所列。

表 5.59　命令参数

参　数	大小/B	参　数　描述
ConnectionID	2	链路层连接的本地标识符

返回参数:空。

当 Radio 层接收到这个命令,会产生一个 HCI_Command_Status 事件。

当链路层连接终止时,会产生一个 HCI_Command_Completed 事件。

13）更新链路层连接参数命令

更新链路层连接参数命令如表 5.60 所列。

表 5.60　更新链路层连接参数命令

命　令	OCF	命令参数	返回参数
HCI_Update_LL_Connection_Parameters		ConnectionID Conn_Interval Conn_Latency Conn_Timeout	

HCI_Update_LL_Connection_Parameters 命令用来请求链路层连接参数的改变。在链路层连接中,会有一个 CONNECTION_UPDATE_REQ 包被发送。这个命令只可能在主设备中出现。在 Host 层,从设备也会对这个参数产生影响。

命令参数如表 5.61 所列。

表 5.61　命令参数

参　数	大小/B	参　数　描　述
ConnectionID	2	链路层连接的本地标识符
Conn_Interval	2	以下面的形式定义了连接事件时间间隔参数 connInterval = Conn_Interval × 1.25 ms Conn_Interval 范围:0x0008 ~ 0x0C80
Conn_Latency	2	以下面的形式定义了从设备潜伏期参数 connSlaveLatency = Conn_Latency(链路层连接事件的个数) Conn_Latency 范围:0x0000 ~ 0x0C80
Conn_Timeout	2	以下面的形式定义了连接超时参数 connTimeout = Conn_Timeout × 10 ms Conn_Timeout 范围:0x0001 ~ 0x0C80

返回参数:空。

当 Radio 层接收到这个命令,会产生一个 HCI_Command_Status 事件。

当链路层连接参数完成更新时,会产生一个 HCI_LL_Connection_Parameters_Update_Complete 事件。如果在参数更新完成之前,链路层连接被终止了(因为被请求或者是超时),那么对于这个命令来说,将不会产生 HCI_LL_Connection_Parameters_Update_Complete 事件。

14)更新信道映射命令

更新信道映射命令如表 5.62 所列。

表 5.62　更新信道映射命令

命　令	OCF	命令参数	返回参数
HCI_Update_Channel_Map		ConnectionID Channel_Map	

HCI_Update_Channel_Map 命令用来请求改变定义在链路层中使用的数据信道的信道映射。在链路层的连接中,将会发送一个 CHANNEL_MAP_REQ 包。该命令只可能出现在主设备中。

命令参数如表 5.63 所列。

表 5.63　命令参数

参　数	大小/B	参　数　描　述
ConnectionID	2	链路层连接的本地标识符
Channel_Map	5	定义了链路层连接中的已使用的和未被使用的数据信道。每一信道都会由一个数据位代表,这些数据位是按照数据信道索引被定位的。最低有效位(第0位)代表了数据信道索引0,第36位代表了数据信道索引36。如果信道是被使用的信道,则它的数据位会被设置为1,如果信道是未被使用的信道,则它的数据位会被设置为0。 3个最高有效位被保留供未来使用

返回参数:空。

当 Radio 层接收到这个命令,会产生一个 HCI_Command_Status 事件。

当信道映射更新完成时,会产生一个 HCI_Channel_Map_Update_Complete 事件。如果在信道映射更新完成之前,链路层连接被终止了(因为被请求或者是超时),那么对于这个命令来说,将不会产生 HCI_Channel_Map_Update_Complete 事件。

15)设置密钥命令

设置密钥命令如表 5.64 所列。

表 5.64　设置密钥命令

命　令	OCF	命令参数	返回参数
HCI_Set_Key		Type Key ConnectionID	Status

表 5.65　命令参数

参　数	大小/B	参　数　描　述
Type	1	0x00 = 应用到 HCI_Encrypt 命令中的密钥 0x01 = 应用到被发送到同等设备或从同等设备发出的包中的密钥 (0x02～0xFF) = 被保留供未来使用
Key	16	加密模块的128位密钥
ConnectionID	2	链路层连接的本地标识符(只有 Type = 0x01 时才有效)

HCI_Set_Key 命令被用来给与链路层一个 AES 的 128 位的密钥。

命令参数如表 5.65 所列。

返回参数如表 5.66 所列。

表 5.66　返回参数

参　数	大小/B	参 数 描 述
Status	1	0x00 = 命令成功执行 （0x01 ~ 0xFF）= 命令失败

当执行完 HCI_Set_Key 命令时,会产生一个 HCI_Command_Complete 事件。

16）设置 IV 命令

设置 IV 命令如表 5.67 所列。

表 5.67　设 置 IV 命 令

命　令	OCF	命令参数	返回参数
HCI_Set_IV		ConnectionID IV	Status

HCI_Set_IV 命令用来请求链路层去刷新加密模式的 IV 值。

命令参数如表 5.68 所列。

表 5.68　命令参数

参　数	大小/B	参 数 描 述
ConnectionID	2	指定了请求被应用到的链路层连接
IV	9	初始向量

返回参数如表 5.69 所列。

表 5.69　返回参数

参　数	大小/B	参 数 描 述
Status	1	0x00 = 命令成功执行 （0x01 ~ 0xFF）= 命令失败

当执行完 HCI_Set_IV 命令被执行完时,会产生一个 HCI_Command_Complete 事件。

17）加密命令

加密命令如表 5.70 所列。

表 5.70　加密命令

命　令	OCF	命令参数	返回参数
HCI_Encrypt		Plaintext_Data	Status Encrypted_Data

HCI_Encrypt 命令用来请求链路层去加密使用了密钥的信息数据,该密钥位于 HCI_Key_Set 命令中。

命令参数如表 5.71 所列。

表 5.71　命令参数

参　数	大小/B	参数描述
Plaintext_Data	16	被请求加密的 128 位的数据块

返回参数如表 5.72 所列。

表 5.72　返回参数

参　数	大小/B	参数描述
Status	1	0x00 = 命令成功执行 (0x01 ~ 0xFF) = 命令失败
Encrypted_Data	16	被加密的 128 位的数据块

当该命令被执行完的时候,会产生一个 HCI_Command_Complete 事件。

18) Rand 命令

Rand 命令如表 5.73 所列。

表 5.73　Rand 命令

命　令	OCF	命令参数	返回参数
HCI_Rand		Length	Status Length Random_Number

HCI_Rand 命令用来请求链路层提供一个随机的数据块。

命令参数如表 5.74 所列。

表 5.74　命令参数

参　数	大小/B	参　数　描　述
Length	1	表明被请求的随机数据块的长度,范围为 1B ~ 16B

返回参数如表5.75所列。

表 5.75　返回参数

参 数	大小/B	参 数 描 述
Status	1	0x00 = 命令成功执行 (0x01 ~ 0xFF) = 命令失败
Length	1	表明随机数据块的长度,范围为1B ~ 16B
Random_Number	Length × 1	随机数据块

当 HCI_Rand 命令被执行完的时候,会产生一个 HCI_Command_Complete 事件。

19)配置加密命令

配置加密命令如表5.76所列。

表 5.76　配置加密命令

命 令	OCF	命令参数	返回参数
HCI_Setup_Encryption		ConnectionID	Status

HCI_Setup_Encryption 命令用来将链路层连接加密模式改变为开放模式或加密模式。通过该命令,链路层就可以了解当前链路层连接的加密模式。

命令参数如表5.77所列。

表 5.77　命令参数

参 数	大小/B	参 数 描 述
ConnectionID	2	命令被应用到的链路层连接的本地标识符

返回参数如表5.78所列。

表 5.78　返回参数

参 数	大小/B	参 数 描 述
Status	1	0x00 = 命令成功执行 (0x01 ~ 0xFF) = 命令失败

当 Radio 层接收到这个命令时,会产生一个 HCI_Command_Status 事件。

链路层连接加密模式改变一经完成,会产生一个 HCI_Command_Complete 事件。

5.4.2 事件

1. 广播服务完成事件

广播服务完成事件如表5.79所列。

表5.79 广播服务完成事件

事 件	事件代码	事件参数
HCI_Advertising_Completed	0x31	Reason

当 Host 层发出停止广播的请求时,广播服务一经完成,就会产生 HCI_Advertising_Completed 事件。

事件参数如表5.80所列。

表5.80 事件参数

参 数	大小/B	参 数 描 述
Reason	1	表明事件的原因 0x00 = 被 Host 层停止的广播 (0x01~0xFF) = 被保留

2. 广播分组报告事件

广播分组报告事件如表5.81所列。

表5.81 广播分组报告事件

事 件	事件代码	事件参数
HCI_Adv_Packet_Report	0x32	Num_Devices Event_Type[i] Address_Type[i] Device_Address[i] Data_Len[i] Data[i]

HCI_Adv_Packet_Report 事件用来提供发送广播分组的广播者设备的信息。该事件用来传达来自广播分组中的信息,也可以用在被动扫描和主动扫描中。对于每一个在事件中被报告的广播者设备来说,都会有广播事件类型以及广播分组中所有可用信息的指示。事件的结构是这样的:所有和一个广播者设备有关的信息都被放置在一起。例如,在事件中有 2 个被报告的设备,第 1 个设备的所有参数之后,紧接着就是第 2 个设备的参数。

事件参数如表5.82所列。

表 5.82   事件参数

参 数	大小/B	参 数 描 述
Num_Devices	1	在事件中被报告的广播者设备的数量
Event_Type[i]	Num_Devices × 1	表明被广播者设备所使用的广播事件类型 每一个被报告的广播者设备都有一个此参数 0x00 = 可连接事件 0x01 = 不可连接事件 (0x02 ~ 0xFF) = 保留
Address_Type	1	表明广播者设备的设备地址类型 0x00 = 公有地址 0x01 = 私有地址 (0x02 ~ 0xFF) = 保留
Address	6	广播者设备的设备地址
Data_Len	1	表明广播者设备的广播包中的数据的大小(单位:B) 0x00 = 没有数据 (0x01 ~ 0x1F) = 数据大小(单位:B) (0x20 ~ 0xFF) = 保留
Data	Data_Len × 1	由 Data_Len 所指定的广播包中的数据的长度

3. 扫描响应报告事件

扫描响应报告事件如表 5.83 所列。

表 5.83   扫描响应报告事件

事 件	事件代码	事件参数
HCI_Scan_Response_Report	0x33	Num_Devices Address_Type[i] Address[i] ProfileID[i] More_Profiles[i] Enc_Required[i] Name_Len[i] Name[i]

HCI_Scan_Response_Report 事件用来提供发送扫描响应包中广播者设备的信息。所以该事件仅被用在主动扫描中。一个广播者设备在 1 个事件中能够报告 1 个或多个广播者设备。对于每一个在事件中被报告的广播者设备来说,都

98

会扫描响应包中所有可用的信息。事件的结构是这样的:所有和广播者设备有关的信息都被放置在一起。例如,在事件中有2个被报告的设备,第1个设备的所有参数之后,紧接着就是第2个设备的参数。

事件参数如表5.84所列。

表5.84 事件参数

参 数	大小/B	参 数 描 述
Num_Devices	1	在事件中被报告的广播者设备的数量
Address_Type	1	表明广播者设备的设备地址类型 0x00 = 公有地址 0x01 = 私有地址 (0x02 ~ 0xFF) = 被保留
Address	6	广播者设备的设备地址
ProfileID	2	被广播者设备所支持的在 SCAN_RSP 包中的应用
More_Profiles	1	表明除了由 ProfileID 所指定的应用外,广播者设备是否支持其他应用 参数与 SCAN_RSP 包的参数相同 0x00 = 没有其他被支持的应用 0x01 = 其他被支持的应用 (0x02 ~ 0xFF) = 被保留
Enc_Required	1	表明广播者设备是以开放模式请求链路层的连接还是以加密模式请求链路层的连接 参数与 SCAN_RSP 包的参数相同 0x00 = 开放模式 0x01 = 加密模式 (0x02 ~ 0xFF) = 被保留
Name_Len	1	表明名字的长度(单位:B) 0x00 = 没有名字 (0x01 ~ 0x1F) = 名字的长度(单位:B)
Name	Name_Len × 1	由 Name_Len 所指定的 SCAN_RSP 包中的广播者设备的名字的长度

4. 远程链路层连接请求事件

远程链路层连接请求事件如表 5.85 所列。

表 5.85　远程链路层连接请求事件

事　件	事件代码	事件参数
HCI_Remote_LL_Connection_Request	0x34	ConnectionID Address_Type Peer_Address Pairing_Identity Encrypted Diversifier

当接收到同等设备的连接请求时,广播者设备的 Radio 层就会产生 HCI_Remote_LL_Connection_Request 事件。在没有任何明确的指示下,广播就会停止,同时与完成连接建立的相关操作就会开始。只要链路层连接的建立一经完成,就会产生 HCI_LL_Connection_Created 事件。在该事件之后,Host 层才能开始使用链路层的连接。如果链路层的连接建立失败,会产生一个 HCI_LL_Connection_Termination 事件。

事件参数如表 5.86 所列。

表 5.86　事件参数

参　数	大小/B	参　数　描　述
ConnectionID	2	链路层连接的本地标识符
Address_Type	1	表明同等设备的地址是私有的还是公有的
Peer_Address	6	请求连接的设备的地址
Pairing_Identity	1	表明配对标识
Encrypted	1	表明链路层的连接是以加密模式运行还是以开放模式运行 0x00　=开放模式 0x01　=加密模式 (0x02～0xFF)　=被保留
Diversifier	2	表明密钥的多样性 只有当 Encrypted = 0x01 才有效

5. 链路层连接被创建事件

链路层连接被创建事件如表 5.87 所列。

100

表 5.87　链路层连接被创建事件

事　件	事件代码	事件参数
HCI_LL_Connection_Created	0x35	ConnectionID

链路层连接建立一经完成,就会产生 HCI_LL_Connection_Created 事件。相同的事件用来表明请求的本地的或远程的连接已经建立。只有在这个事件之后,Host 层才能开始使用链路层的连接。

事件参数如表 5.88 所列。

表 5.88　事件参数

参　数	大小/B	参 数 描 述
ConnectionID		链路层连接的本地标识符

6. 链路层连接被终止事件

链路层连接被终止事件如表 5.89 所列。

表 5.89　链路层连接被终止事件

事　件	事件代码	事件参数
HCI_LL_Connection_Termination	0x36	ConnectionID Reason

HCI_LL_Connection_Termination 事件的产生是为了表明由于一个原因(而不是来自于 Host 层的终止请求)导致链路层连接的终止,该原因可能是同等设备的终止请求,也可能是链路层连接管理的超时。在这 2 种情况中,链路层的连接被终止,ConnectionID 变为无效。链路层连接被终止时,如果链路层有正在使用的数据缓冲区,则释放该数据缓存区,并且产生一个 Num_Completed_Packets 事件。

事件参数如表 5.90 所列。

表 5.90　事件参数

参　数	大小/B	参 数 描 述
ConnectionID	2	链路层连接的本地标识符
Reason	1	0x00 = 被同等设备请求的终止 0x01 = 连接管理超时(非故意的连接丢失) (0x02 ~ 0xFF) = 被保留

7. 链路层连接参数更新完成事件

链路层连接参数更新完成事件如表 5.91 所列。

表 5.91   链路层连接参数更新完成事件

事　件	事件代码	事件参数
HCI_LL_Connection_Parameters_Update_Complete	0x37	ConnectionID Conn_Interval Conn_Latency Conn_Timeout

当从设备和主设备中的链路层连接参数更新进程完成时,就会产生 HCI_LL_Connection_Parameters_Update_Complete 事件。

事件参数如表 5.92 所列。

表 5.92   事件参数

参　数	大小/B	参　数　描　述
ConnectionID	2	链路层连接的本地标识符
Conn_Interval	2	以下面的方式定义了连接事件时间间隔参数 connInterval = Conn_Interval × 1.25 ms 范围:0x0003 ~ 0x0C80
Conn_Latency	2	以下面的方式定义了从设备的潜伏期参数 connSlaveLatency = Conn_Latency(与链路层连接事件的数量一样) 范围:0x0000 ~ 0x0C80
Conn_Timeout	2	以下面的方式定义了连接超时参数 connTimeout = Conn_Timeout × 10 ms 范围:0x0001 ~ 0x0C80

8. 信道映射更新完成事件

信道映射更新完成事件如表 5.93 所列。

表 5.93   信道映射更新完成事件

事　件	事件代码	事件参数
HCI_Channel_Map_Update_Complete	0x38	ConnectionID Channel_Map

当从设备和主设备中的信道映射更新进程完成时,就会产生 HCI_Channel_Map_Update_Complete 事件。

事件参数如表 5.94 所列。

102

表 5.94　事件参数

参　数	大小/B	参　数　描　述
ConnectionID	2	链路层连接的本地标识符
Channel_Map	5	定义了链路层连接中的已使用的和未被使用的数据信道。每一信道都会由一个数据位代表,这些数据位是按照数据信道索引被定位的。最低有效位(第0位)代表了数据信道索引0,第36位代表了数据信道索引36。如果信道是被使用的信道,则它的数据位会被设置为1,如果信道是未被使用的信道,则它的数据位会被设置为0。3个最高有效位被保留供未来使用

9. 被完成的包的数量事件

被完成的包的数量事件如表 5.95 所列。

表 5.95　被完成的包的数量事件

事　件	事件代码	事件参数
HCI_Num_Completed_Packets	0x39	ConnectionID Num_Packets

HCI_Num_Completed_Packets 事件用来表明 1 个或多个 HCI 数据分组已经被成功的发送了。

事件参数如表 5.96 所列。

表 5.96　事件参数

参　数	大小/B	参　数　描　述
ConnectionID	2	链路层连接的本地标识符
Num_Packets	1	在链路层的连接中,自前一个被发送到 Host 层的 HCI_Num_Completed_Packets 之后,在链路层中被发送的数据分组的数量

10. 加密配置请求事件

加密配置请求事件如表 5.97 所列。

表 5.97　加密配置请求事件

事　件	事件代码	事件参数
HCI_Setup_Encryption_Requested	0x3A	ConnectionID

在链路层的连接中,当接收到来自于同等设备的 SEC_EMPTY_REQ 分组时,就会在 Radio 层中产生 HCI_Setup_Encryption_Requested 事件。它是一个请求改变链路层连接加密模式的指示,也是请求 Host 层暂停向链路层发送数据分组的指示。通过 HCI_Encryption_Set 事件,Host 层可以重新开始发送数据分组,同时该事件也是链路层连接加密模式改变进程完成的指示。

事件参数如表 5.98 所列。

表 5.98 事件参数

参　数	大小/B	参　数　描　述
ConnectionID	2	链路层连接的本地标识符

11. 加密配置完成事件

加密配置完成事件如表 5.99 所列。

表 5.99 加密配置完成事件

事　件	事件代码	事件参数
HCI_Encryption_Set	0x3B	ConnectionID

在链路层的连接中,当接收到来自于同等设备的 SEC_SETUP_REQ 分组时,就会在 Radio 层中产生 HCI_Encryption_Set 事件。它也是链路层连接加密模式进程完成的指示,通过该事件,Host 层能够重新开始向链路层发送数据分组。

事件参数如表 5.100 所列。

表 5.100 事件参数

参　数	大小/B	参　数　描　述
ConnectionID	2	链路层连接的本地标识符

12. 命令完成事件

命令完成事件如表 5.101 所列。

表 5.101 命令完成事件

事　件	事　件　代　码	事　件　参　数
HCI_Command_Complete	0x3C	Num_HCI_Command_Packets Command_Opcode Return parameters

HCI_Command_Complete 事件用在大部分的命令中,去发送该命令的返回状态以及其他一些在 HCI 命令中被指定的事件参数。

事件参数如表 5.102 所列。

表 5.102 事件参数

参　数	大小/B	参　数　描　述
Num_HCI_Command_Packets	1	HCI 命令分组的数量,这些命令分组被允许从 Host 层发送到 ULP 蓝牙的 Radio 层 范围:0~255
Command_Opcode	2	引起这个事件的命令的 OpCode
Return parameters	取决于命令	在 CommandID 事件参数中被指定的命令的返回参数

13. 命令状态事件

命令状态事件如表 5.103 所列。

表 5.103　命令状态事件

事　件	事件代码	事件参数
HCI_Command_Status	0x3D	Status Num_HCI_Command_Packets Command_Opcode

HCI_Command_Status 命令用来表明由 Command_Opcode 参数所描述的命令已经被接收到,以及 Radio 层正在执行这个命令的任务。该事件可以用来提供异步操作的机制,异步操作可阻止 Host 层等待一个命令的完成。如果还不能够开始执行这个命令(发生一个参数错误,或者命令不被允许),那么参数 Status 会包含相应的错误代码,并且由于命令尚未开始,所以并不会产生其他完成的事件。

事件参数如表 5.104 所列。

表 5.104　事件参数

参　数	大小/B	参　数　描　述
Status	1	0x00　=命令正在等待 (0x01~0xFF)　=命令失败
Num_HCI_Command_Packets	1	被允许从 ULP 蓝牙的 Host 层发送到 Radio 层的 HCI 命令分组的数量 范围:0~255
Command_Opcode	2	引起这个事件的命令的 OpCode

14. 硬件错误事件

硬件错误事件如表 5.105 所列。

表 5.105　硬件错误事件

事　件	事件代码	事件参数
HCI_Error	0x3E	Error_Code

HCI_Error 事件用来表明 Radio 层中一些失败的类型。

事件参数如表 5.106 所列。

表 5.106　事　件　参　数

参　数	大小/B	参　数　描　述
Error_Code	1	如错误代码所描述

5.4.3 数据等级

当 Host 层请求链路层向同等设备发送数据分组时,Host 层会使用 HCI 数据分组。当链路层向 Host 层提供一个来自于同等设备的数据分组时,链路层也会使用 HCI 数据分组。ConnectionID 域用来标识连接和同等设备。ConnectionID 是 ULP 蓝牙设备内部的,并不被携带在任何 ULP 蓝牙包中。ConnectionID 的值由 Radio 层进行管理。在数据等级中,并没有指定任何命令。数据分组是在 HCI 层被执行的。

5.5 错误代码

错误代码如表 5.107 所列。

表 5.107 错误代码

错误代码	名 字	错误代码	名 字
0x00	成功	0x06	无效的 HCI 命令参数
0x01	未知的 HCI 命令	0x07	数据发送缓冲区溢出
0x02	未知的 ConnectionID	0x08	AES 块忙
0x03	硬件错误	0x09	设备地址白名单满了
0x04	无效命令	0x0A	普通错误
0x05	不支持的特性或参数值	0x0B	未完成的参数

第6章 主机规范

6.1 概　　述

本章对应用适配层(Profile Adaptation Layer, PAL)的功能规范进行描述,分析了 PAL 协议分组及各种命令和状态码,介绍了设备发现的过程,最后对通用访问规范及其属性进行了详细地阐述。

6.2 双　　模

在 radio 层和控制体系中,ULP 蓝牙系统包含蓝牙系统对等层中所有的内容。与蓝牙系统不同的是,ULP 蓝牙系统不再需要网络层。
ULP 蓝牙系统与蓝牙系统共存的协议栈如图 6.1 所示。

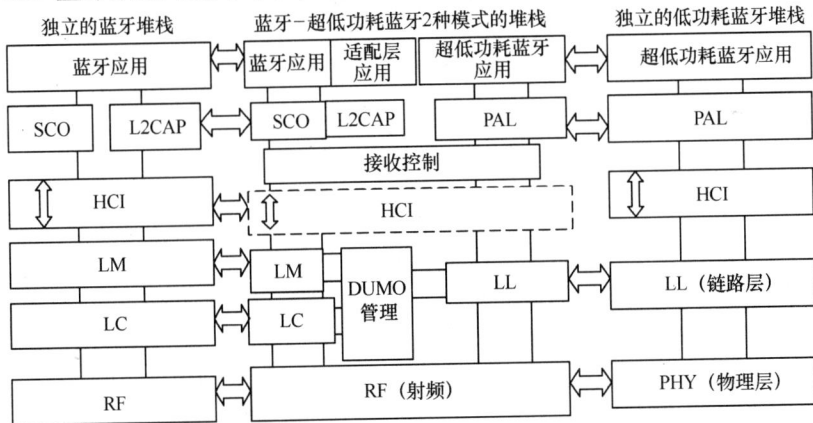

图 6.1　ULP 蓝牙系统与蓝牙系统共存的协议栈

6.3　ULP 传输分组格式

1. 分组头

在每个分组中,分组头总是首先发送。分组头的功能是描述分组的类型,以

及包含了更多的特定信息,一般有3种类型的分组:

(1)面向连接数据分组;

(2)属性协议分组;

(3)PAL 协议分组。

2. 协议标识符

协议标识符是标识一个协议不同于其他协议的唯一代码,一个支持多种协议的设备必须能够区别当前信道的连接是采用何种协议来进行数据的传输的。

3. 应用标识符

应用标识符是用来标识不同应用的唯一代码,一个支持多种应用的设备必须能够辨别何时连接到设备,设备支持何种配置以及这些设备支持的基本功能。

4. 传输命令

应用适配层里的数据传输应遵循先传输最低有效位,最后传输最高有效位。即低字节排放在内存的低端,高字节排放在内存的高端,也就是通常所说的小端格式(Little Endian)。

5. 分组格式

PAL 的分组格式如图 6.2 所示,第 1B 是分组头,1B～30B 是预留的有效载荷数据。

0B	1B～30B
标头	有效载荷数据

图 6.2　PAL 分组格式

分组头的分配如表 6.1 所列。

表 6.1　分组头分配

范　围	用　途
0x00～0x7F	面向连接数据
0x80～0B7F	属性协议消息
0xC0～0xFE	PAL 协议命令和响应
0xFF	普通错误响应

6.4　面向连接数据分组

6.4.1　通用格式

面向连接数据包可以在信道处于连接状态的任何时刻进行发送。面向连接

108

数据的信道建立过程将在6.8节中进行详细介绍。面向连接数据的数据包格式如图6.3所示。

分组头	1 B(8 进制)	信道代码被用做分组头
配置数据	1B~30B(8 进制)	面向连接的配置数据

图6.3 面向连接数据包格式

分组头的格式如图6.4所示。在信道建立时,每条信道的每个端点都被赋予了一个信道标识符(Channel Identifier, CID)。CID 字段长度为5位。信道编码的第1位和第2位用于SAR(分割和重组)控制。0位表示面向连接的数据包全为0。

0 位	1 位、2 位	3 位~7 位
0	SAR 控制	CID

图6.4 面向连接数据包中信道编码的格式

有些应用的传输可能需要多个数据包而不是单单传输1个PAL数据包就能完成的。因此,PAL有选择性地包括了分割和重组协议。这使得应用层提交的较大的数据包能分割成多个较小的数据包在低层传输。如果不支持分割和重组(SAR),那么分割和重组控制位应设置为00。

应用层传输数据单元(SDU)可以以不超过协议最大传输单元(MTU)的任意大小形式存在,但最大传输单元的大小不是由 SAR 层规定的。每个SDU被分割成1个或者多个PAL分组,在每个PAL分组中都会标注该分组在原SDU中的位置。或者为第1个分组、中间分组、最后的1个分组,或者1个分组就已包含完整的传输数据单元。在SDU的第1个分组包里会携带长度信息,表明整个SDU的长度,因此,在整个SDU到达前,接收设备就已经分配好了相应的内存。

6.4.2 SAR 分组格式

SAR 分组格式和普通的 PAL 分组格式相比,除了信道编码位(5 位、5 位),为非 0 位,以及被分割后的第1个分组里有2个额外的可选字节以外,其余的基本相同。因此,SAR 分组格式也有 2 种:SAR 的开始分组格式和 SAR 的接续分组格式,分别如图6.5、图6.6所示。

7 位	5 位、6 位	0 位~4 位	1B、2B	3B~30B
0	10	信道 ID	SDU 长度	有效载荷

图6.5 SAR 的开始分组格式

7 位	5 位、6 位	0 位~4 位	1B~30B
0	SAR 控制	信道 ID	有效载荷

图 6.6 SAR 的接续分组格式

6.4.3 SAR 控制域

SAR 的控制域提供了 SAR 分组格式的控制信息,如表 6.2 所列。

表 6.2 SAR 控制域的分割域

位数	分割阶段	SAR 数据包格式	简单描述
00	完整	连续 SAR 数据包格式	SDU 的完整数据包
10	开始	开始 SAR 数据包格式	SDU 第 1 个数据包
11	中端	连续 SAR 数据包格式	SDU 中间数据包
01	结束	连续 SAR 数据包格式	SDU 最后数据包

6.4.4 分割

一个应用层的 SDU 可以分割成 1 个或多个 PAL 分组。如果一个 SDU 可以由 1 个 SAR 分组完整传输,那么 SAR 的控制域应设置为完整状态(00)。如果一个 SDU 不能由 1 个 SAR 分组完整传输,那么它将会被分割为 2 个或多个分组。此时,第 1 个 SAR 分组的控制域应设置为开始状态(10),接续的 SAR 分组的控制域应设置为中端状态(11),最后的 SAR 分组的控制域应设置为结束状态(01)。并且在开始和结束之间的所有其他的数据包,应将 SAR 控制域设置为中端状态(11)。

第 1 个 SAR 分组应携带长度信息,表明整个 SDU 的长度。

SDU 的最大长度为 65535B,该值可以通过规范或协议来进行限制、协商。

分割后的分组可以在同一时间通过不同的信道进行传输,因为每个分组都有一个信道标识符,可以使这些从不同信道传输的分组进行重组。

6.5 PAL 协议分组

6.5.1 概述

包头值范围在 0xC0~0xFF 之间的数据包为 PAL 协议数据包。同时,包头包含了 PAL 操作码的信息,有效载荷数据里还包含了命令分组的参数。

6.5.2　分组控制命令

1. 流量控制

为了减少设备中处理命令所需的系统资源,设备在处理命令过程中要遵循如下的流量控制规则。

在一段时间内只能有 1 个命令执行。一旦命令被发送到同等层设备,那么在收到响应或错误响应之前,不得发送其他命令。

2. 错误处理

如果接收到的命令分组不能被理解,应发送错误通知命令作为答复。错误通知命令取代正常的响应,这样也可以保证流控制的规则不被破坏。

6.5.3　协议分组类型

本节描述 PAL 协议的分组类型。在所有的协议分组中,除了命令 0xC7(初始化随机向量)是在创建 LL 信道连接之前被发送的之外,其余的都是使用 LL 通用数据信道进行传输。

协议的设计目标是利用非常有限的计算机资源来执行各种命令。在命令分组的传输中,设备必须在接收到响应后才可以进行命令的发送。如果该命令是无效的,那么接收方就应该以应答的方式发送协议错误响应,这样才能使发送方继续下一个命令的发送。

1. 信道连接请求(代码 0xC1)

信道连接请求用于在两设备之间创建一条信道,由始发设备来请求信道的建立。表 6.3 就连接请求分组做出说明。

表 6.3　信道连接请求分组格式

名称	大小/B	描述
操作码	1	0xC1——信道连接请求
协议/服务复用	2	标识请求连接时所用的协议
源信道 ID	1	5 位 ~7 位总为 0; 0 位 ~4 位源设备的信道标识符
MTU 大小	2	设备能接收的最大传输单元

协议/服务复用(PSM)决定设备连接所用的协议,它的取值及其意义将在后面的 6.8.6 节进行具体的描述。

源信道 ID 用来标识发送请求设备上的一个信道终端。一旦信道配置完成,则来自该请求的接收方的数据分组将被发往该 CID。这样,源 CID 表示发送请求和接收应答的设备上的信道终端,而目标 CID 则表示接收请求和发送应答设备上的信道终端。

MTU 这个选项标明发送方能接受的最大的应用传输单元。如果链路层的最大净荷大于 MTU,那么在数据信道中将会使用分割和重组。

2. 信道连接响应(代码 0xC2)

当一个单元受到连接请求分组时,它必须发送一个连接应答分组,表 6.4 给出了连接响应分组格式。

表 6.4　信道连接响应分组格式

名　称	大小/B	描　述
操作码	1	0xC2——信道连接响应
目的信道 ID	1	5 位~7 位总为 0; 0 位~4 位:目的设备的信道标识符
源信道 ID	1	5 位~7 位总为 0; 0 位~4 位:源设备的信道标识符
MTU 大小	2	设备能接收的最大传输单元
状态码	1	标明信道是否被正常连接,详见 6.1 节的状态码

源信道 ID 与对应的信道连接请求分组里的信道 ID 相同,标明接收该应答分组设备上的信道终端。

目的信道 ID 标明发送应答分组设备上的信道终端,即接收该应答分组的设备将所有的数据分组均发往此 CID。

MTU 这个选项标明发送方能接受的最大的数据传输单元。该 MTU 不等同于信道连接请求分组中的 MTU,即该值可能大于,也可能小于信道连接请求分组中的 MTU,它是一个不对称的概念。

状态码标明信道是否建立了正确的连接。当源信道 ID 出错或者 MTU 大小取值为 0 时,状态码会设置为相应的代码信息,提醒当前出现的信道状况。

3. 信道断开请求(代码 0xC3)

若要终止一条信道,就需要发送连接断开请求分组,并由断开连接应答分组进行确认。该请求可以由连接设备的任意一方发出,表 6.5 所列为连接断开请求分组格式。

表 6.5　连接断开请求分组格式

名　称	大小/B	描　述
操作码	1	0xC3——信道断开请求
目标信道 ID	1	将被断开的目标信道 ID
状态码	1	信道被断开的具体原因

一旦断开请求发出,发起方便不能再对外发送新的数据,所有在该信道排队等待发送的数据也可能被丢弃(在接收方传输相应的断开连接响应之前,信道中的数据仍然可以被接收)。

目标信道地址用于标识在设备收到该请求时,将被关闭的信道终端。

状态码用来标明信道被断开的具体原因。

4. 连接断开应答(代码 0xC4)

为了应答每一连接断开请求,应发送连接断开应答(表6.6)。

表6.6 连接断开应答分组格式

名 称	大小/B	描 述
操作码	1	0xC4——信道断开响应
目标信道 ID	1	将被断开的目标信道 ID

源信道 ID 与目的信道 ID 为断开连接的信道标识符,必须与对应的连接断开请求命令相匹配。

5. 连接参数更新请求(代码 0xC5)

该命令(表6.7)只能由从设备发送给主设备。

链路层的从设备可以用参数更新请求命令来改变连接参数。当主设备的主机接收到该命令后,它会根据其他连接的参数来确定接下来的操作。或者是利用 HCI 命令(HCI-Update-Connection-Parameters)来重新设置连接参数,或者是拒绝当前请求的参数。前一种情况,主机会发送连接参数更新响应,同时写入状态值 0x00;后一种情况,主机拒绝当前的请求,同时写入状态代码 0x02(资源耗尽)。

表6.7 连接参数更新请求分组格式

名 称	大小/B	描 述
操作码	1	0xC5——连接参数更新请求
间隔	2	请求连接事件的间隔
延时	2	请求延时参数
超时	2	请求连接超时

6. 连接参数更新响应(代码 0xC6)

为回应连接参数更新请求分组,必须发送连接参数更新响应(表6.8),该分组只能由主设备发送给从设备。

表6.8 连接参数更新响应分组格式

名 称	大小/B	描 述
操作码	1	0xC6——连接参数更新响应
状态码	1	0x00——连接参数更新成功; 0x01～0xFF——连接参数更新失败

当链路层中主设备的主机接收到连接参数更新请求分组,它就会发送此分组。如果主设备接受从设备请求的连接参数,那么在它更新连接参数后,它会向从设备再发送一个连接参数更新响应。

7. 初始化随机向量(代码 0xC7)

当始发者请求一个加密连接时,广播设备会在第 1 个时隙向始发者发送初始化随机向量分组,该分组的格式如表 6.9 所列。

表 6.9　初始化随机向量分组格式

名　　称	大小/B	描　　述
操作码	1	0xC7——初始化随机向量
随机数	10	1B——随机 LSB;10B——随机 MSB

8. 开始匹配请求(代码 0xC8)

除了以下 2 种情况,所有的配置机制都是主机以默认值的状态来完成。

(1)预共享密钥算法取决于现存的预共享密钥。

(2)不支持广播分组的设备不能实现广播密钥的扩展。

BTSP 算法也需要特定规范的支持。

如果广播设备在向发起者发送 Start_Pairing_Request 之后,又收到了其他设备发送的 Start_Pairing_Request,且当时尚未收到开始配置响应分组,此时,广播设备将会使用 Start_Pairing_Response 来响应收到的 Start_Pairing_Request,并标明"配对重复错误"。

开始配置请求分组及其标识位格式分别如表 6.10、表 6.11 所列。

表 6.10　开始匹配请求分组格式

名　　称	大小/B	描　　述
操作码	1	0XC8——开始匹配请求
标识位(Flags)	1	匹配结构位域

表 6.11　标识位域格式

名　　称	大小/B	描　　述
预留	7~4	预留作将来使用
密钥提交	3	0——密钥和标识在第 2 阶段没有给出; 1——密钥和标识在第 2 阶段给出
匹配机制	2~0	000——综合匹配; 001——会话扩展中综合匹配; 010——广播扩展中综合匹配; 011——预共享密钥; 100——外部匹配 1:BT SP; 111——响应时提出算法

114

9. 开始配置响应(代码0xC9)

如果双方都没有将"Keys Submitted"置为1,那么在配置响应分组中,状态码不可能为"0x00"。只有当开始配置请求分组中的标识位为"111"时,为了和开始配置请求分组进行区分,配置响应分组将状态码置为"0x00",表明双方开始进行配置。配置响应分组格式如表6.12所列。

表6.12 开始匹配响应分组格式

名 称	大小/B	描 述
操作码	1	0xC8——开始匹配响应
标识位(Flags)	1	匹配结构位域
状态代码	1	匹配启动(0x00)或错误信息的状态码定义

当结点发送的请求分组中标明"Propose Algorithm",即要求对方提供一个算法,而响应方未能提供,此时结点要么终止连接,要么发送一个新的匹配请求分组(Start Pairing Request)。

当设备接收到一个匹配响应分组时,它可以重新再发送一个新的匹配请求分组。值得注意的是,在一次会话过程中,同一个结点发送的2个匹配请求分组中的标识位不能相同,如表6.13所列。

表6.13 标识位格式

名 称	大小/B	描 述
预留	7 ~ 4	预留作将来使用
密钥提交	3	0——密钥和身份在第2阶段没有给出; 1——密钥和身份在第2阶段给出
匹配机制	2 ~ 0	000——综合匹配; 001——会话扩展中综合匹配; 010——广播扩展中综合匹配; 011——预共享密钥; 100——外部匹配1:BT SP

10. 密钥转换(代码0xCA)

该分组只能由始发设备向广播设备单向发送。

不管在配置过程中有没有使用预共享密钥,发起者都会发送一个密钥转换分组给广播设备,该分组的格式如表6.14所列。

表6.14 密钥转换分组格式

名 称	大小/B	描 述
操作码	1	0xCA——密钥转换
固定数据	16	1B——随机最低有效位; 16B——随机最高有效位

密钥转换的目的是使预共享密钥解放出来,使它不再被用来控制 Radio 层上的传输流量,这也是系统防止同一密钥用做其他目的的基本防范措施。

在链路层,操作的双方都会用 AES 加密模块产生一个临时的共享密钥,传输的随机数和预共享密钥为

$$K_{\text{temp}} = E_{\text{preshared} - \text{key}}(\text{RAND})$$

11. 密钥检查(代码 0xCB)

该分组只能由广播设备向初始设备单向发送。

在配置初始化阶段接近尾声时,广播设备将传输一个密钥检查分组,以确认所使用的密钥。对于所有支持配置算法的设备,进行密钥检查是必需的,同时它也使配置进入了第 2 阶段,密钥检查分组格式如表 6.15 所列。

表 6.15　密钥检查分组格式

名　　称	大小∕B	描　　述
操作码	1	0xCB——密钥检查
检查数据	30	数据内容结构

密钥检查命令中的数据内容如表 6.16 所列。

表 6.16　密钥检查命令中的数据内容

名　　称	大小∕B	描　　述
随机数据	16	RAND
校验和	14	16B 校验和的高 14 位

每一次匹配算法产生一个临时共享密钥 k_{temp}。在广播设备中,链路层加密模块可以计算出检验和,而在初始化设备中,可以通过下面的公式进行检查,即

$$\text{checksum} = E_{k_{\text{temp}}}(\text{RAND})$$

12. 链路密钥(代码 0xCC)

该命令使用在配置的第 2 阶段,它的传输必然伴随着身份密钥的 PDU。链路密钥分组格式如表 6.17 所列。

在进行初始化连接时,当一个设备希望对方使用 LL 加密模式时,它会产生一个链路密钥并将其多样化。有了这个链路密钥,被连接的设备就可以产生启动加密连接的会话密钥。

表 6.17　链路密钥分组格式

名　　称	大小∕B	描　　述
操作码	1	0xCC——链路密钥
长期密钥	16	长期密钥
区别标识符	2	区别标识符

13. 身份密钥(代码 0xCD)

该分组使用在配置的第2阶段,它的传输必然伴随着链路密钥的 PDU。身份密钥分组格式如表 6.18 所列。

表 6.18　身份密钥分组格式

名　　称	大小/B	描　　述
操作码	1	0xCD——身份密钥
公有地址	6	设备的公有地址或 0
Root ID	16	设备的身份或 0

14. 通用错误响应(代码 0xFF)

错误响应表征发生了不可恢复的错误,原始的请求不能被完成,其分组格式如表 6.19 所列。错误命令 ID 指的是引起错误的操作码。

表 6.19　通用错误响应分组格式

名　　称	大小/B	描　　述
操作码	1	0xC0——PAL 协议错误响应
错误命令 ID	1	引起错误的操作码
状态代码	1	产生的错误

6.5.4　PAL 命令总汇

PAL 命令如表 6.20 所列。

表 6.20　PAL 命令

命令代码	用　　途	命令代码	用　　途
0xC1	信道连接请求	0xC9	开始匹配响应(匹配初始化)
0xC2	信道连接响应	0xCA	密钥转换(综合匹配)
0xC3	信道中断请求	0xCB	密钥检查(综合匹配)
0xC4	信道中断响应	0xCC	链路密钥(匹配第2阶段)
0xC5	连接参数更新请求	0xCD	身份密钥(匹配第2阶段)
0xC6	连接参数更新响应		
0xC7	初始随机向量(会话密钥产生)	0xCE	预留未来使用
0xC8	开始匹配请求(匹配初始化)	0xC0	通用错误响应

6.5.5　PAL 状态码

PAL 状态码如表 6.21 所列。

表 6.21　PAL 状态码

名　称	状态代码	名　称	状态代码
成功	0x00	不支持匹配	0x05
资源耗尽	0x01	不相容的匹配方法	0x06
用户启动电源关闭	0x02	匹配没有提交密钥	0x07
用户终止应用	0x03	匹配重复	0x08
申请终止连接	0x04	无效命令	0x09

1. 成功(代码 0x00)

命令处理成功。

2. 资源耗尽(代码 0x01)

资源耗尽的状态代码表明,在这个时候设备已耗尽资源,命令无法完成。

3. 用户启动电源关闭(代码 0x02)

用户启动关机状态代码表明,用户已开始断电。

4. 用户终止应用(代码 0x03)

用户申请终止状态代码表明,用户已终止此信道需要的应用程序。

5. 申请终止连接(代码 0x04)

申请终止连接状态代码表明申请者要求终止信道。

6. 匹配不支持(代码 0x05)

设备不支持匹配。

7. 不相容的匹配方法(代码 0x06)

设备不支持请求匹配的方法。

8. 匹配没有提交密钥(代码 0x07)

2 个匹配设备都拒绝发送密钥材料。

9. 匹配重复(代码 0x08)

从设备已经发出匹配请求。

10. 无效命令(代码 0x09)

目标设备不支持请求的命令。

6.6　通用访问应用

通用访问应用描述的是 ULP 蓝牙设备访问进程的定义和需求。这包括 ULP 蓝牙设备如何发现和建立与其他设备的连接,如何扮演广播、扫描和连接的角色模式。图 6.7 给出了建立连接的流程,可选的操作模块用虚线表示。在 LL

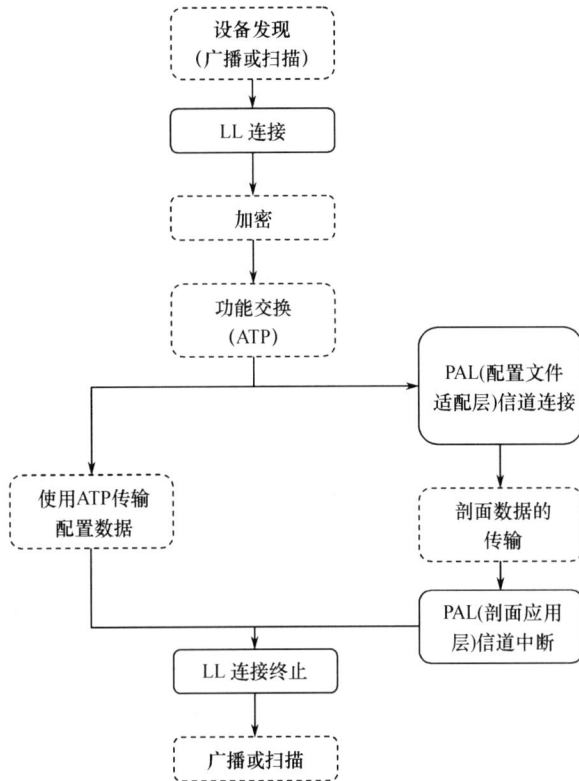

图 6.7　连接流程

连接处于激活的模式下,属性协议消息可以在任意时间发送。

6.7　通用设备发现

6.7.1　概述

本小节主要描述 ULP 蓝牙设备是如何发现其他设备的。在建立连接之前,首先必须知道同等设备的地址。除了识别正确的设备以外,远端设备的名称、设备支持的应用规范以及关于远程设备的一些其他信息都必须进行收集整理,这些工作可以通过扫描事件来完成。等待连接的设备可以通过周期地发送广播分组来广播自己的设备地址。图 6.8 给出了设备发现的具体过程,设备 A 在主动进行扫描,而设备 B 则在周期地发送广播分组。

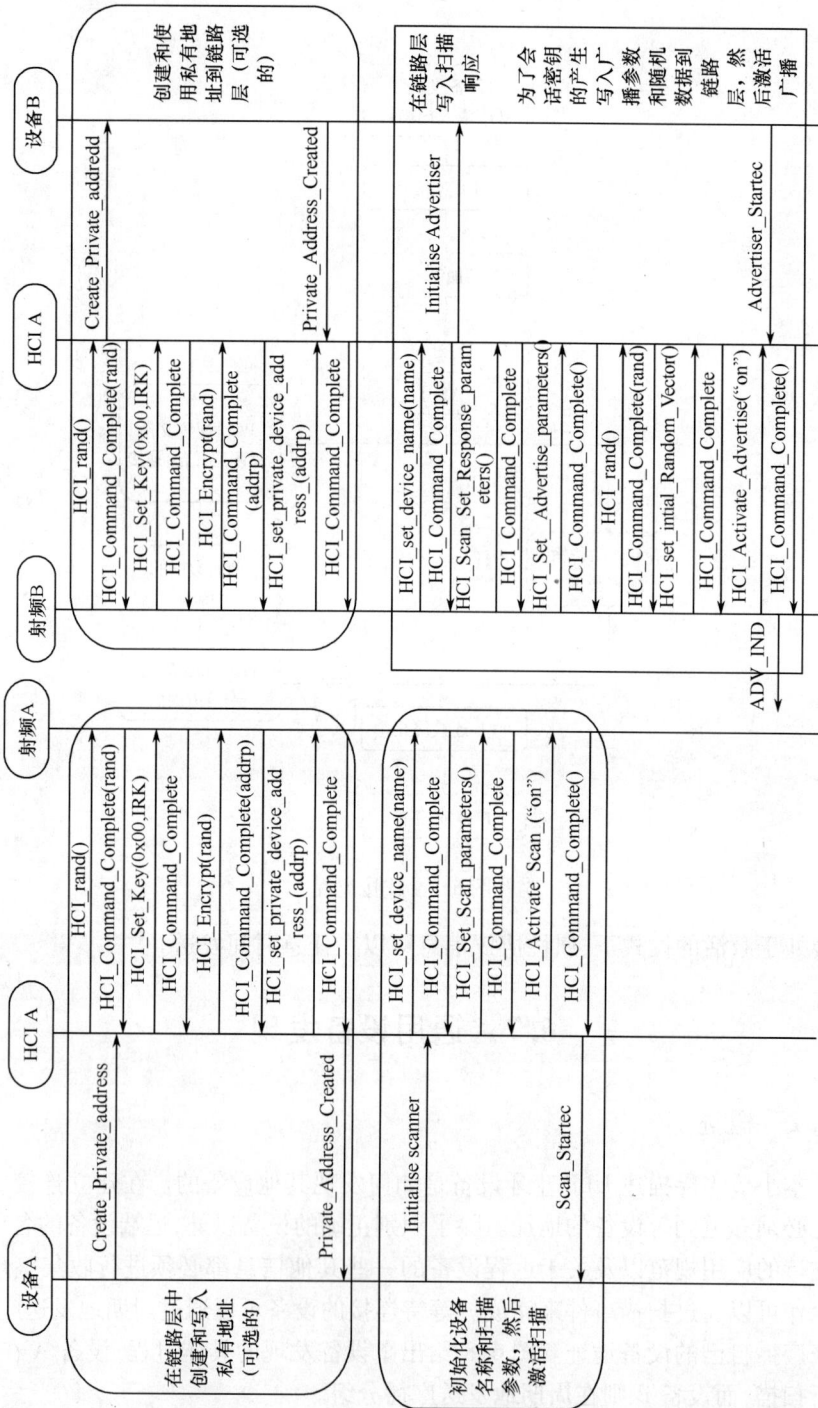

设备A | HCI A | 射频A | 射频B | HCI A | 设备B

Create_Private_address
HCI_rand()
HCI_Command_Complete(rand)
HCI_Set_Key(0x00,IRK)
HCI_Command_Complete
HCI_Encrypt(rand)
HCI_Command_Complete(addrp)
HCI_set_private_device_add ress_(addrp)
HCI_Command_Complete
Private_Address_Created

Create_Private_addredd
HCI_rand()
HCI_Command_Complete(rand)
HCI_Set_Key(0x00,IRK)
HCI_Command_Complete
HCI_Encrypt(rand)
HCI_Command_Complete (addrp)
HCI_set_private_device_add ress_(addrp)
HCI_Command_Complete
Private_Address_Created

在链路层中创建和写入私有地址（可选的）

创建和使用私有地址到链路层（可选的）

Initialise scanner
HCI_set_device_name(name)
HCI_Command_Complete
HCI_Set_Scan_parameters()
HCI_Command_Complete
HCI_Activate_Scan_("on")
HCI_Command_Complete()
Scan_Startec

初始化设备名称和扫描参数，然后激活扫描

Initialise Advertiser
HCI_set_device_name(name)
HCI_Command_Complete
HCI_Scan_Set_Response_param eters()
HCI_Command_Complete
HCI_Set_Advertise_parameters()
HCI_Command_Complete()
HCI_rand()
HCI_Command_Complete(rand)
HCI_set_intial_Random_Vector()
HCI_Command_Complete
HCI_Activate_Advertise("on")
HCI_Command_Complete()
Advertiser_Startec

在链路层写入扫描响应

为了会话密钥的产生"写入广播参数和随机机数据到链路层，然后激活后广播

ADV_IND

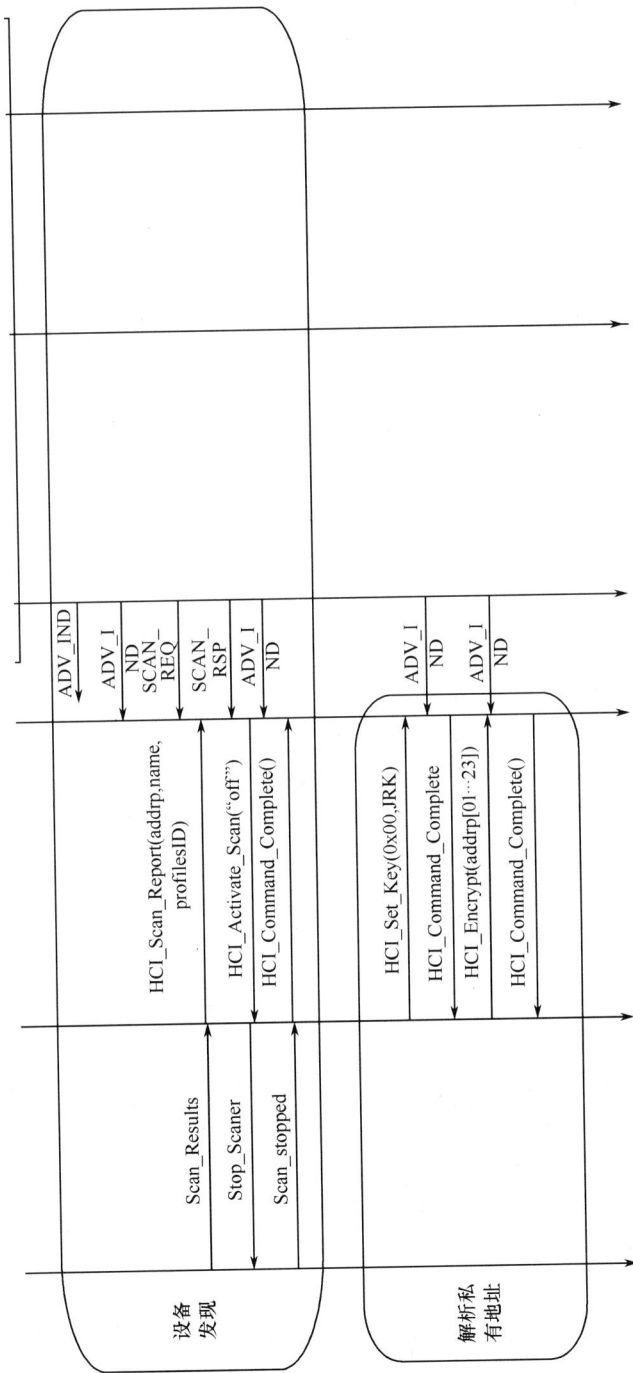

图6.8 设备发现过程（设备A执行所有设备扫描，设备B则在初始化广播信息）

121

6.7.2 广播过程

LL 的广播过程使得网络中的超低功耗蓝牙设备透明化,也就是说,设备是通过发送广播分组表明自己的存在。广播过程同样也需要远程设备与本地设备之间建立连接。广播消息里可以携带广播净荷。在广播过程中,广播设备周期地发送它的设备地址(公有的或私有的)和可选的广播净荷。如果广播过程是在扫描连接模式下启动,那么扫描设备可以使用主动扫描请求更多关于广播设备的信息,如在接收到广播设备的广播分组(ADV_IND)后,发送扫描请求分组(SCAN_REQ)。扫描响应分组(SCAN_RSP)里除了包括 ULP 蓝牙协议版本信息、纯文本设备信息和广播设备支持的应用规范以外,广播设备是否支持其他应用规范,是否只接受加密连接等信息都可以在该分组里体现。在广播过程开始前,主机会用适合的 HCI 命令来设置设备名称和扫描响应分组的其他内容。如果广播设备使用的是私有地址,那么它会用 HCI_Write_Private_Address 命令来设置新的私有地址;如果广播设备只允许建立加密连接,那么在建立快速加密连接前,它会用 HCI_Write_Initial_Random_Vector 命令向 LL 的传输缓存器中写入初始随机向量(IRV)。

如果广播设备使用的是广播模式,那么它将会用 HCI_Write_Advertisement_Data 命令将广播分组里的数据(ADV_PAYLOAD_IND 或者 ADV_NONCONN_PAYLOAD_IND)进行更新。

6.7.3 扫描过程

扫描过程分为被动扫描和主动扫描。被动扫描指的是设备只能监听广播设备发送的信息,因此,扫描设备只能接收广播设备的设备地址(公有的或私有的),或者是处于广播模式下的广播设备发送的有效载荷。主动扫描指的是扫描设备除了监听消息之外,还可以发送扫描请求分组(SCAN_REQ)。当广播设备接收到该请求分组后,会以扫描响应分组(SCAN_RSP)作为回应。扫描响应分组里则包含了设备的名称以及广播设备支持的应用等信息。所有的设备都可以进行主动扫描。

如果广播设备使用的是私有地址,那么扫描设备可以从存储器中解析它的设备身份,具体的处理方法将在后面的章节进行阐述。

6.8 建 立 连 接

6.8.1 创建连接

在创建连接之前,必须进行设备的查找和收集相关的信息(如:需要连接的设备名称等),图 6.9 给出了创建连接的流程。

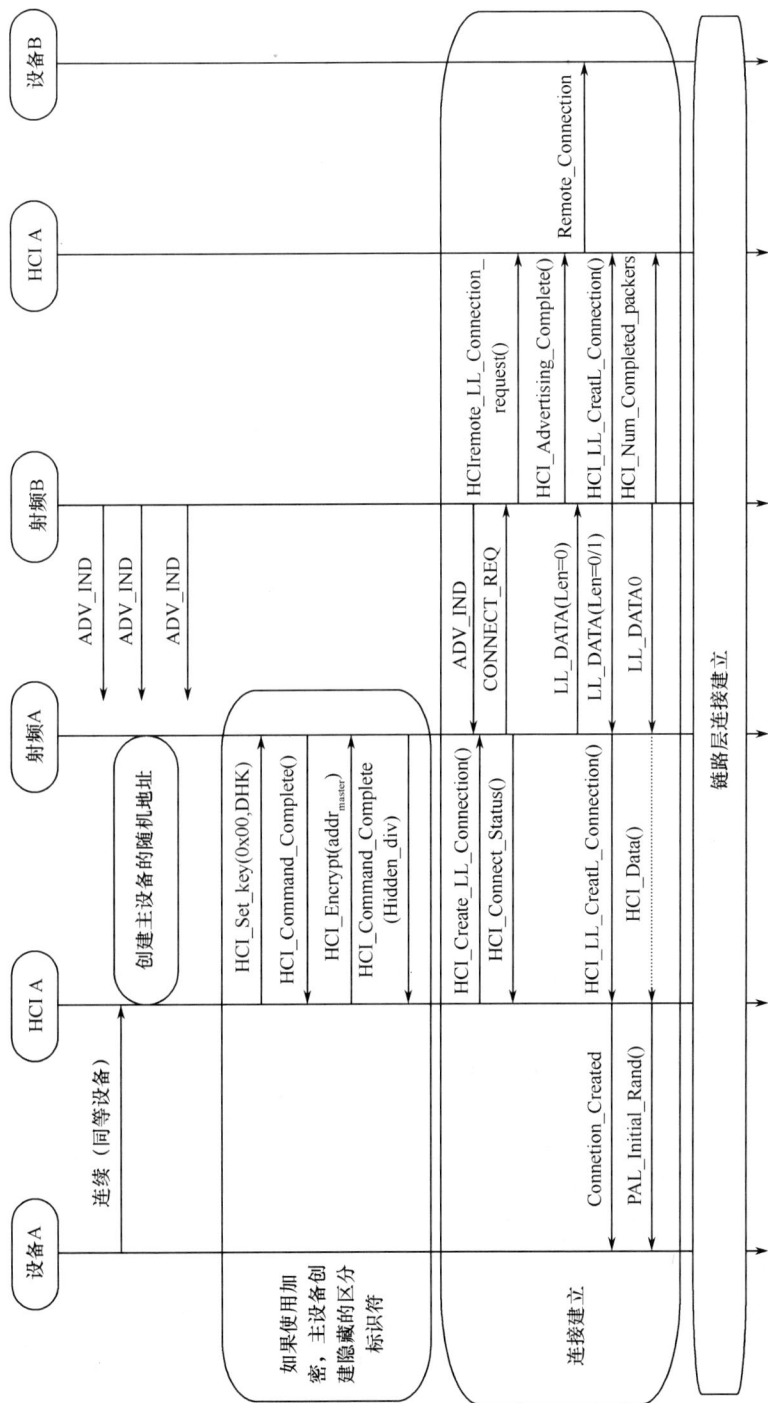

图6.9 连接创建流程（设备A扫描（A成为主设备）和设备B为广播设备（B成为从设备））

在建立连接前,需要连接的设备(假设为设备 B)对于扫描设备而言必须是可见的。设备 B 的应用适配层将 Radio 层设置为可见模式,即主机控制接口将通过 HCI_Activate_Advertisement 命令 Radio 层开始广播过程,使用的广播参数为 TBD 或者是授权支持的应用。

当设备 A 知道将与哪个设备进行连接后,它会发送一个建立连接请求,该请求分组中包含着需要进行连接的设备信息。而当设备 B 的 Radio 层接收到该请求后,它会用 HCI_Remote_LL_Connection_Request 事件通知上层。该事件同时说明了设备 B 的 Radio 层不再处于广播状态,不再继续发送广播分组。如果连接终止(由于发送终止连接请求或者连接发生断开)时,设备 B 会重新初始化广播模式。当设备 B 的 Radio 层在通信信道接收到第 1 个数据分组时,它会向设备 B 发送 HCI_Connection_Created 事件,表明 LL 连接完成,可以进行数据的传输了。

6.8.2 创建加密连接

LL 的加密连接过程与一般的链路连接过程基本一样。为了建立加密连接,始发设备必须存储广播设备的身份根(IR)和长期密钥(LTK)。始发设备还必须存储广播设备在配置过程中给出的 16 位的区分标识符,广播设备也是于该标识符对始发设备进行检测。如果使用的应用规范支持多个始发者,那么广播设备在配置阶段就应该分配不同的标识符给始发者。

图 6.10 给出了创建加密连接所需的 HCI 消息。在广播过程开始之前,主机将产生用来生成会话密钥的初始随机向量(IRV),该向量是由 10B 的随机数据组成。当接收到加密参数置为"0"的 HCI_Remote_LL_Connection_Request 事件后,广播设备会从包含在请求分组里的区分标识符来辨认主机的身份。如果在配置阶段尚未存储长期密钥,此时广播设备将从加密根(ER)中重新生成长期密钥。主设备的加密地址可以产生会话密钥,该设备的长期密钥此时被用做加密密钥,该设备产生的初始值(IV)是由主设备的地址和从设备地址中 3 个无意义的字节构成。

作为主设备方,在发送 HCI_Create_LL_Connection 命令前,设备会产生 6B 的随机数据并将其作为 HCI_Create_LL_Connection 命令的内容,以表明自己主设备的身份。主设备的地址也被用来产生会话密钥,因此,除了广播设备产生的 IRV,主设备产生的随机数据对于会话密钥的生成同样重要。建立连接后,主设备将会收到从设备发送的初始随机向量。基于该 IRV,主设备会生成一个会话密钥,并连同初始值一起分别用 HCI_Set_Key 和 HCI_Set_IV 命令发送给 LL。

加密只能由主设备发起。当它发送会话密钥和初始值给 LL 后,它会发送

HCI_Setup_Encryption 命令(此时参数为"使用加密")来创建加密连接。在收到相应的 HCI_Command_Complete 事件之前,该设备不会再发送任何数据。对于从设备而言,当它接收到 HCI_Setup_Encryption_Requested 事件之后,也不再发送任何的数据,除非收到高层的 HCI_Encryption_Set 事件。在 LL 完成加密动作后,它会发送 HCI_Command_Complete 事件给主设备的主机。从设备一方则会收到 HCI_Encryption_Set 事件的指示。

6.8.3 断开连接

连接的断开有以下几个原因:
(1)主机的初始化(可以为主设备也可以为从设备)。
(2)链路丢失(LL 连接监控超时)。
(3)协议超时。

图 6.11 给出了主设备初始化造成的连接断开示意图。首先是 PAL 信道开始断开连接,接着主机开始发送 HCI_Terminate_LL_Connection 命令给 Radio 层,在 Radio 层接收到确认 TERMINATE_IND 分组或者传输 TERMINATE_IND 分组达到 6 次后,该连接被视为断开。当从设备接收到从主设备的 TERMINATE_IND 分组时,它会用 HCI_LL_Connection_Terminate 事件通知主机连接已断开。如果主设备已经发送了 6 次 TERMINATE_IND 分组,但却没有接收到 1 次确认,那么主设备会停止继续发送,从设备也会检查链路丢失情况并向主机做出相应的指示。

6.8.4 快速重新连接

在没有连接的情况下,从设备处于广播模式。如果从设备使用的是公共地址,或者是主设备读取了 NextSlaveDeviceAddress,那么将促使主设备发起连接请求。在其他情况下,主设备都按照 6.7 节的过程进行广播设备的扫描和建立连接。

6.8.5 刷新超时

在传输过程中,由于要重传先前的净荷,那么已经写入传输缓存器里的数据就会存在过期的情况。主机通过 HCI_Packet_Transmitted 事件可以知道写入 Radio 层传输缓存器的数据分组是否被远程设备接收。当主机有更紧急的数据需要发送时,可以使用刷新命令(HCI_Flush)来清除传输缓存器里已经写入的数据包,但这只适用于尚未通过空中接口发送的数据包。如果已经被传输过至少 1 次,但还没有被远程设备确认的数据包是不能被清除的。

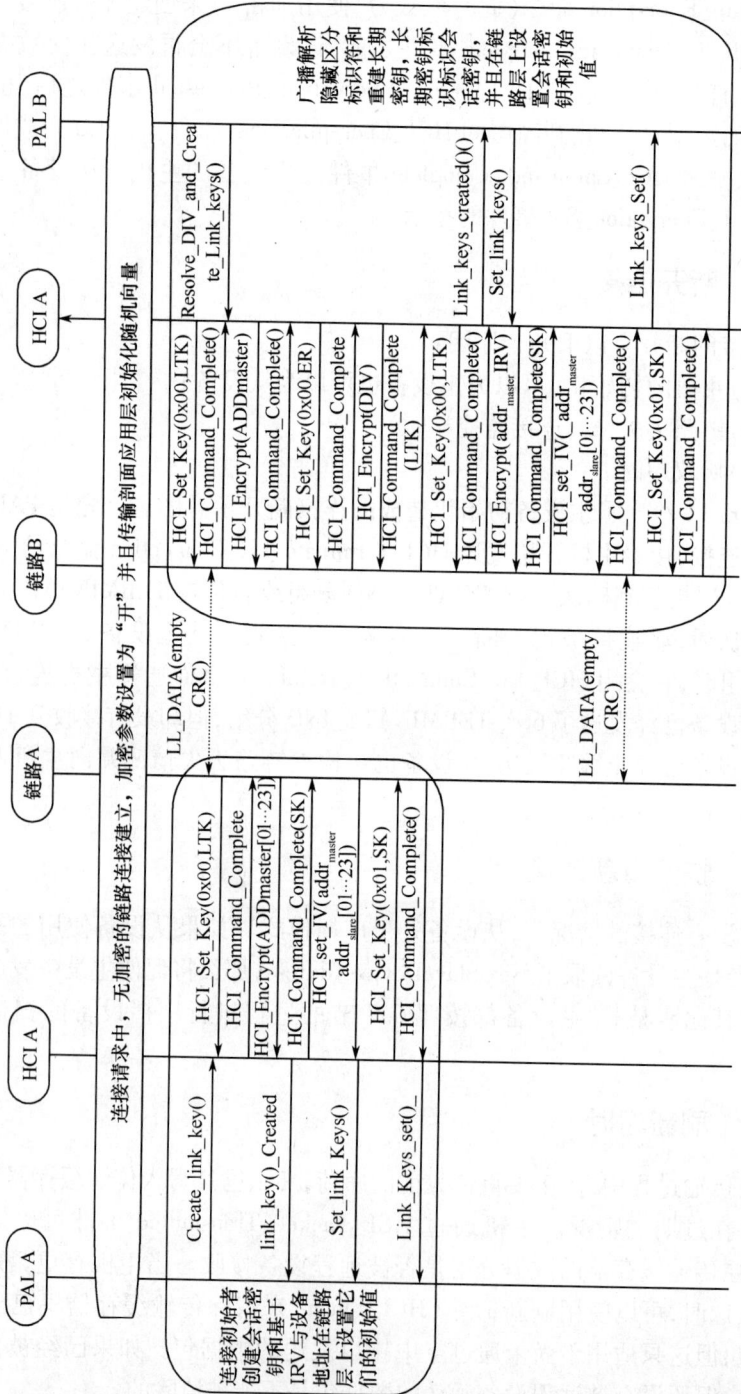

126

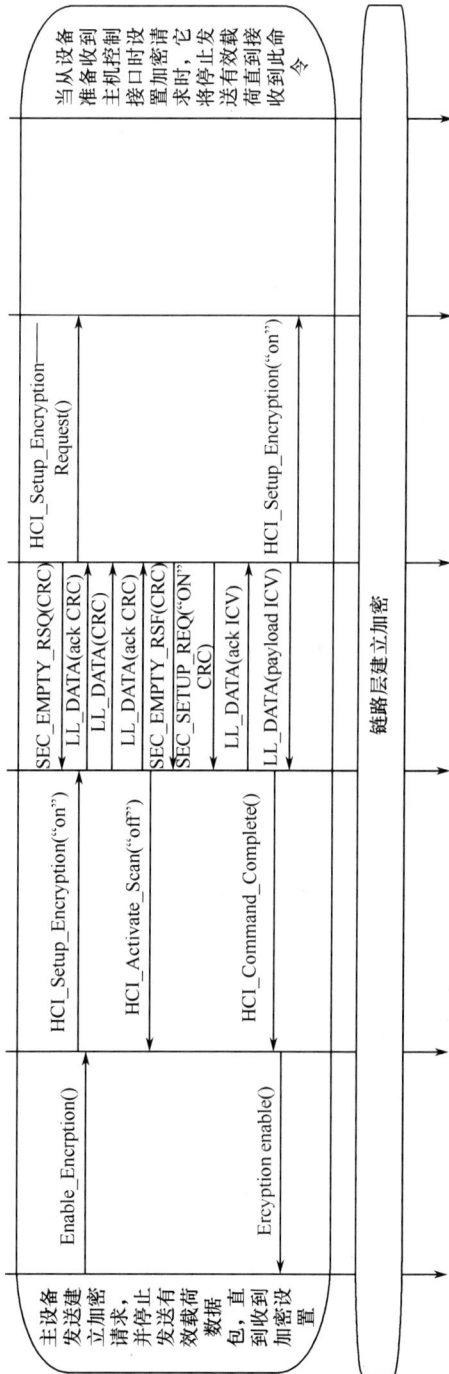

图6.10 建立加密连接（设备A为发起者，设备B为广播设备，设备A知道设备B身份根IR和长期密钥LTK）

127

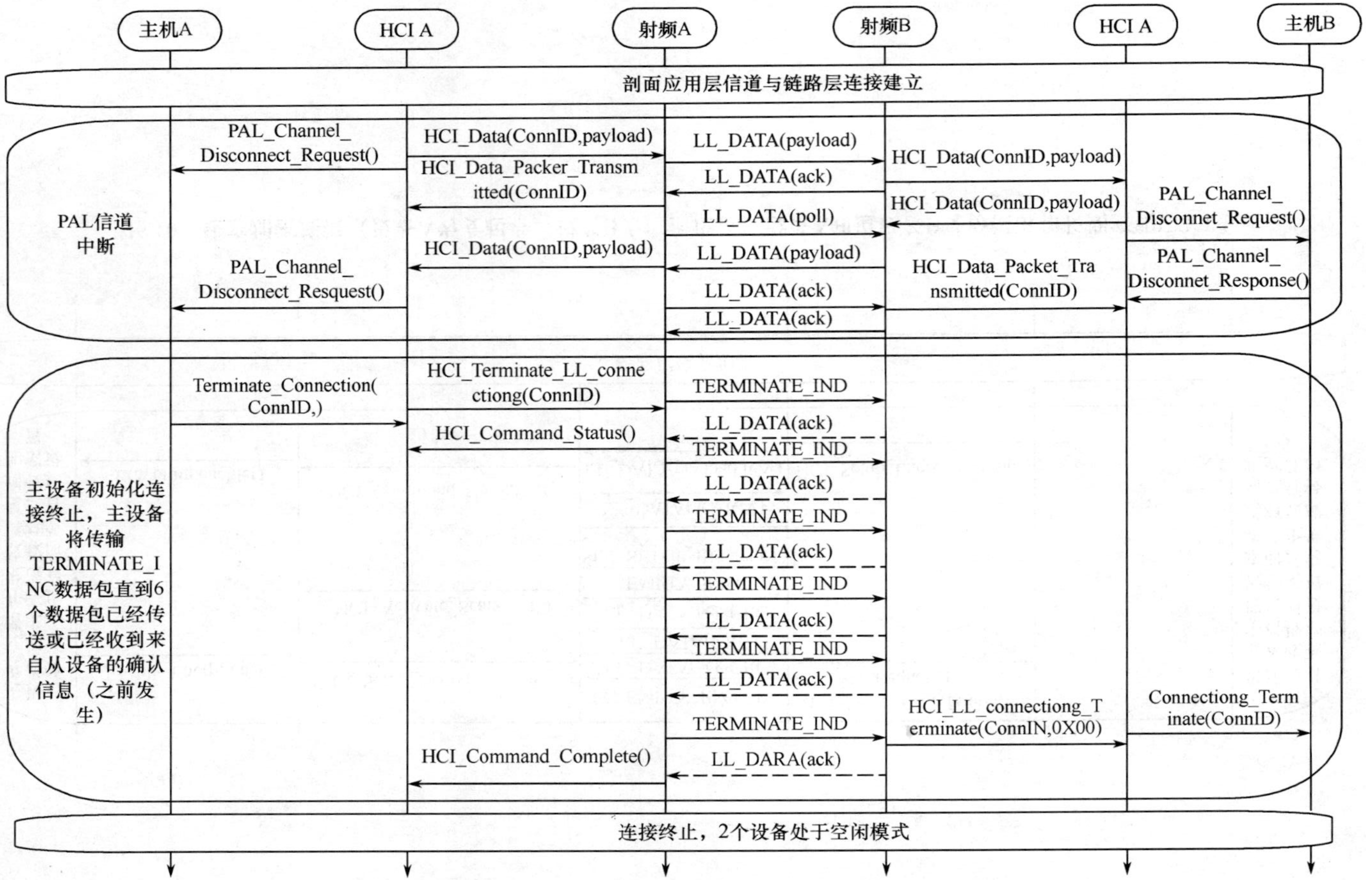

图6.11 连接终止程序（初始化设备为主设备）

128

6.8.6 PAL 面向连接信道

PAL 机制允许上层协议能够进行面向连接的数据传输,每个 PAL 信道都提供了 2 个设备协议实体之间的连接。PAL 信道还提供了 SAR 机制,这样,上层协议就可以发送和接收超过 LL 最大传输单元的 SDU。如果设备支持 PAL 逻辑信道,那么相应的特征属性信息比特位应设置为 1。同样,如果设备支持 SAR,那么相应的特征属性信息比特位也要设置为 1。在后面的章节,将对特征属性信息进行详细的描述。

设备如果需要建立 PAL 面向连接信道,那么应该向远程设备发送 PAL 信道连接请求(PAL_Connect_Channel_Request)。该请求分组包含协议/服务复用(PSM)、源信道 ID 和设备能接收的最大传输单元的大小。PSM 的定义如表6.22 所列,可以由 ATP 进行动态分配。其中,0x0009 用做外部配置,因为外部配置所需的数据单元可能会超过当前链路层的 MTU(31B)。如果超过了最大传输单元的大小,就需要用到 SAR 功能。

表 6.22　PSM 值

PSM	描　述
0x0009	外部配置
0x0011	HID 控制
0x0013	HID 中断
小于 0x1000	保留
0x1001 ~ 0xFFFF	动态分配

源信道 ID 标识了发送请求(PAL_Connect_Channel_Request)设备上的一个信道终端,一旦信道配置完成,则发往请求发送方的数据分组将被发往该 CID。MTU 的参数则定义了发送请求(PAL_Connect_Channel_Request)设备能接收到的最大 SDU 的大小。

当设备接收到连接请求分组(PAL_Connect_Channel_Request)后,它必须发送一个连接应答分组(PAL_Connect_Channel_Response)。应答信息里除了包含有新建立的逻辑信道的标识符以外,还包含有接收设备的 MTU 的参数。

当不再需要使用 PAL 信道时,连接的任何一方都可以关闭该信道。发起方发送 PAL_Channel_Disconnect_Request 分组请求进行信道的关闭,一旦断开连接请求发送后,发送方就不能在该信道上发送任何的数据给接收方。当发起方接收到 PAL_Channel_Disconnect_Response 分组后,该 PAL 信道被视为关闭。

当 PAL 接收到 PAL_Channel_Disconnect_Request 分组后,它会阻止数据流向发起该请求的设备,同时它会发送 PAL_Channel_Disconnect_Response 分组。一旦应答分组发送后,该 PAL 信道被视为关闭。

LL 链路丢失的情况同样也视为该 PAL 信道关闭。如果应用/协议重新建立了 LL 连接,那么该 PAL 信道又被重新开放。

6.8.7 配置

通信双方可以独立地配置信道参数,包含标识符、建立连接的安全密钥等,他们的配置过程是相互和同时进行的,是在非安全连接建立后启动的。对于任何一方都可以用配置请求(PAL_Start_Pairing_Request)通知对方自己能够接收的非默认参数,用配置应答(PAL_Start_Pairing_Response)告诉对方自己同意或者不同意这些参数。配置模式详见下一章的内容。

6.8.8 GAP 定时器参数

GAP 定时器参数如表 6.23 所列。

表 6.23 GAP 定时器参数

名 称	建议值
PAL 协议命令定时器	2000ms
属性协议命令定时器	2000ms
HCI 命令定时器	1000ms
用户交互定时器	30ms

6.9 通用访问应用属性

每一个 ULP 设备都有自己的属性特征。强制性的 GAP 属性有通用唯一标识符 Profile UUID、设备名称 Device Name 和特征信息 Feature Information,而所有其他属性都是可选项。

6.9.1 Profile UUID

设备支持的每一配置应用将指定一个标识符。该标识符包含于 Profile UUID 属性的属性值,并表示为 UUID,如表 6.24 所列。该属性可以重复多次,使得 1 个或多个服务应用能够一一列出。

如果属性值为 2B,那么该 UUID 值长度为 16 位。如果属性值为 16B,那么该 UUID 值长度为 128 位。

表 6.24 Profile UUID 属性

属性	超低功耗蓝牙 16 位 UUID	权限	大小	格式
Profile UUID	0xuuuu	可读	2 字节或 16 字节	UUID

配置应用取值范围的最小数值就是标识该应用的 UUID,如表 6.25 所列。GAP 的句柄范围为 0x0001 ~ 0x0006,那么 Profile UUID 的值为句柄号 0x0001;Profile 2 的句柄范围为 0x0007 ~ 0x0020,那么标识该应用的 UUID 值为句柄号 0x0007;Profile 3 的句柄范围为 0x0021 ~ 0x0040,那么标识该应用的 UUID 值为句柄号 0x0021。因此,Profile UUID 的间距和设备支持的应用的实例数目是相等的。

表 6.25 Profile UUID 实例

范围	通用唯一标识符	值
0x0001	Profile UUID	GAP 通用唯一标识符
0x0002 ~ 0x0006	GAP UUIDs	GAP 取值
0x0007	Profile UUID	配置应用 2 通用唯一标识符
0x0008 ~ 0x0020	Profile 2 UUIDs	配置应用 2 取值
0x00021	Profile UUID	配置应用 3 通用唯一标识符
0x0022 ~ 0x0040	Profile 3 UUIDs	配置应用 3 取值

6.9.2 Device Name

DeviceName 属性包含一个表示设备名称的 UTF - 8(UNICODE 的一种变长字符编码)字符串,如表 6.26 所列。所有的设备都包含该属性,且支持该属性的读取操作(写入操作为可选)。

表 6.26 DeviceName 属性

属性	ULP 蓝牙 16 位 UUID	权限	大小	格式
设备名称	0xuuuu	读/写(可选)	1B ~ 28B	UTF - 8 String

版本信息属性拥有控制器和主机各个领域的版本信息,如表 6.27 所列。

表 6.27 版本信息属性

属性	ULP 蓝牙 16 位 UUID	权限	大小	格式
版本信息	0xuuuu	可读	12B	版文信息结构数据

版本信息结构数据的格式如表 6.28 所列。

表 6.28　版本信息结构数据的格式

名　　称	大小/B	描　　述
控制器制造商	2	来自分配数量文件
控制器规格	1	0x00 = 控制器规格 v1.0
控制器硬件	2	控制器制造厂商定义
链路层	2	控制器制造厂商定义
主机制造商	2	来自分配数量文件
主机规格	1	0x00 = 主机规格 v1.0
主机版本	2	主机控制造厂商定义

6.9.3　Feature Information

Feature Information 属性包含设备中支持的功能信息,如表 6.29 所列。在使用任何功能前,设备必需要知道此属性值。

表 6.29　Feature Information 属性

属性	ULP 蓝牙 16 位 UUID	权限	大小	格式
功能信息	0xuuuu	可读	4B	bit 域

Feature Information 结构化数据格式如表 6.30 所列。

表 6.30　Feature Information 结构化数据的格式

名　　称	大小/(B/位)	描　　述
读取修改写操作	0/0	读取修改写命令和支持响应
立即写操作	0/1	支持写命令
准备写操作	0/2	准备写命令, 准备写响应, 执行写命令和 支持执行写响应
逻辑信道支持	0/3	支持面向连接数据
SAR 支持(分割和重组)	0/4	设备支持 SAR

6.9.4 Device Type

Device Type 属性是对设备类型的通用描述,如表 6.31 所列。如果没有确切的设备类型,那么就使用一个通用的类型图标。

表 6.31 Device Type 属性

属　　性	ULP 蓝牙 16 位 UUID	权　　限	大　小	格　　式
设备类型	0xuuuu	可读	2B	列举设备类型

6.9.5 Vendor and Product Information

Vendor and Product 属性是设备类型的唯一标识符,它能对设备类型进行一般性的描述,这使得应用程序能够识别设备的类型,如表 6.32 所列。

表 6.32 Vendor and Product 属性

属　　性	ULP 蓝牙 16 位 UUID	权　限	大　小	格　　式
供应商和产品信息	0xuuuu	可读	8B	供应商和产品信息结构化数据

供应商和产品的结构化数据定义如表 6.33 所列。

表 6.33 Vendor and Product 结构化数据格式

名　　称	大小/B	描　　述
权威组织编号(ID)	2	0x0001 = 蓝牙 SIG 0x0002 = USB IF 0x0003 = 超低功耗蓝牙
供应商编号(ID)	2	供应商标识符通过职权分配
产品编号(ID)	2	供应商根据职权分配产品的标识符
修订编号(ID)	2	供应商的产品定义修订编号

6.9.6 Link Layer MTU

Link Layer MTU 属性指的是设备链路层 MTU 的大小,如表 6.34 所列。

表 6.34 Link Layer MTU 属性

属　　性	ULP 蓝牙 16 位 UUID	权　　限	大　小	格　　式
链路层 MTU	0xuuuu	可读	1B	字节

6.9.7 Attribute Value Changed

Attribute Value Changed 属性是用来表示设备属性列表中的值是否被改动

133

过,如表6.35所列。该属性值是可读的,且是一个32位的整数。属性列表每改动一次,该值就会增加。通过对比属性列表中以前的值,同等设备就会知道该属性是否被改动过。如果该值没有变化,说明此设备中属性列表中的值也没有改动过。

表 6.35 Attribute Value Changed 属性

属　性	ULP 蓝牙 16 位 UUID	权　限	大　小	格　式
属性改变	0xuuuu	可读	4B	整数型

6.9.8　Next Slave Device Address

Next Slave Device Address 属性如表 6.36 所列,其结构数据格式如表 6.37 所列。

表 6.36 Next Slave Device Address 属性

属　性	ULP 蓝牙 16 位 UUID	权　限	大　小	格　式
下一个从设备地址	0xuuuu	可读	8B	下一个设备地址结构数据

表 6.37 Next Slave Device Address 结构数据格式

名　称	大小/B	描　述
ID	2	地址 ID
地址值	6	设备地址值

6.9.9　Next Master Device Address

Next Master Device Address 属性如表 6.38 所列,其交换程序与结构数据域格式如图 6.12 所示、如表 6.39 所列。

表 6.38 Next Master Device Address 属性

属　性	ULP 蓝牙 16 位 UUID	权　限	大　小	格　式
下一个主设备地址	0xuuuu	可写	8B	下一个设备地址结构数据

表 6.39 Next Master Device Address 结构数据域格式

名　称	大小/B	描　述
ID	2	地址 ID
地址值	6	设备地址值

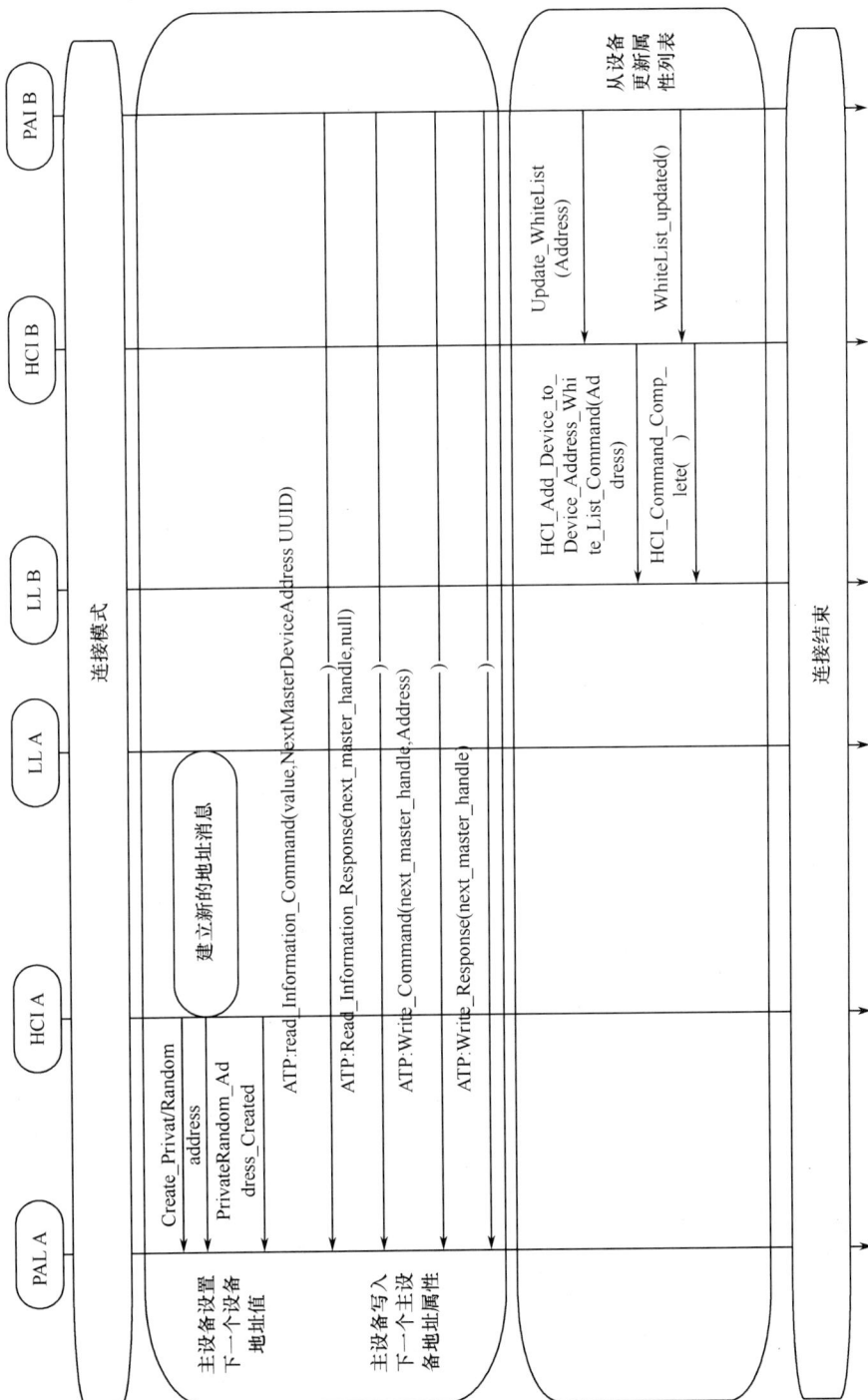

图6.12 NextMasterDeviceAddress交换程序

PAL A　HCI A　LL A　LL B　HCI B　PAL B

连接模式

主设备设置下一个设备地址值

Create_Privat/Random address

PrivateRandom_Ad dress_Created

建立新的地址消息

ATP:read_Information_Command(value,NextMasterDeviceAddress UUID)

ATP:Read_Information_Response(next_master_handle,null)

主设备写入下一个主设备地址属性

ATP:Write_Command(next_master_handle,Address)

ATP:Write_Response(next_master_handle)

HCI_Add_Device_to_Device_Address_White_List_Command(Ad dress)

HCI_Command_Comp_lete( )

Update_WhiteList (Address)

WhiteList_updated()

从设备更新属性列表

连接结束

135

6.10 小　　结

属性定义小结如表6.40所列。

表 6.40　属性定义小结

属　　性	低功耗蓝牙 16B UUID	权　　限	大小/B	格　　式
Profile UUID	0xuuuu	读	2 或 16	通用配置应用唯一标识符
Device Name	0xuuuu	读/写(可选)	1~28	UTF－8 字符串
Version Information	0xuuuu	读	12	版本信息结构化数据
Feature Information	0xuuuu	读	4	位域
Device Type	0xuuuu	读	2	列举设备类型
Vendor and Product	0xuuuu	读	8	供应商和产品结构化数据
Link Layer MTU	0xuuuu	读	1	字节
AttributeValue Changed	0xuuuu	读	4	整数型
Next Slave Device Address	0xuuuu	读	8	下一个设备地址结构化数据
Next Master Device Address	0xuuuu	写	8	下一个设备地址结构化数据

第7章 安全服务规范

7.1 概　　述

　　链路层有 2 种模式:加密模式和开放模式。链路层的包不携带任何关于当前模式的信息。这是以链路层的状态为基础的,是由"连接加密模式变化"链路层的子过程所协调的。加密模块如图 7.1 所示。

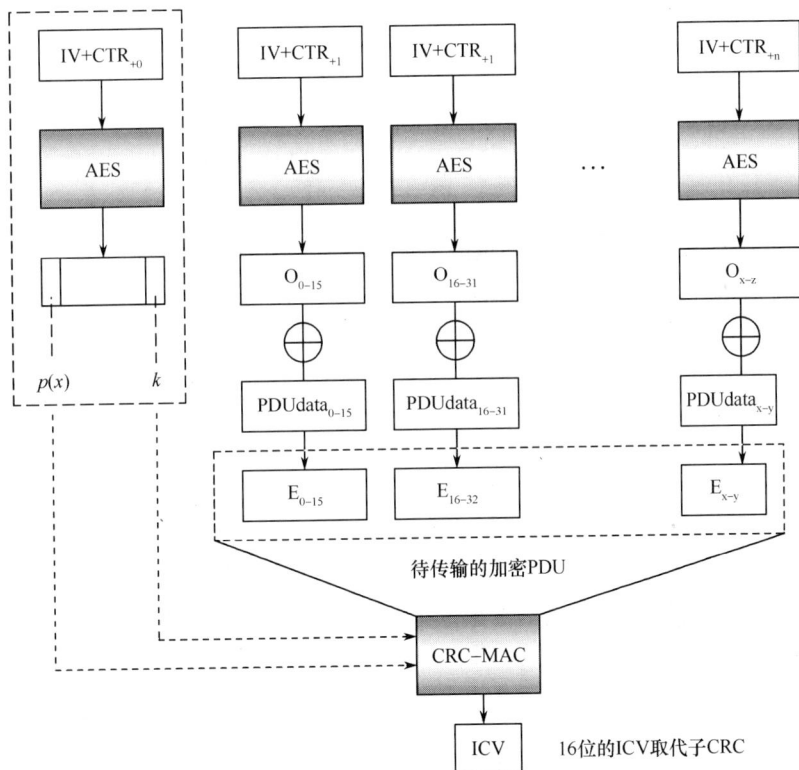

图 7.1　加密模块框图

　　在加密模式当中,出于整体保护原则,CRC 算法被 ICV 校验和取代,此时ICV 算法的输入等价于 CRC 算法的输入。ICV 的密钥是从 AES 密钥流的加密模块 0 中获得的。

在加密模式中,一个链路层包的有效数据部分会以 AES – CTR 的模式(加密模块的计数器的值为 1 和 2)进行加密。AES – CTR 使用 AES 块密码去创建一个流密码。加密和解密是通过将有效数据的内容和密钥流进行异或运算来完成的,这个密钥流是由 AES 加密的连续计数器的块值所产生的。

AES 的结果是一个 128 位的数值(01…127),其中,最左边的数据位是最低有效位并且被标记为第 0 位。被接收到或被发送的有效数据与 AES 的结果进行异或运算,所以第 1 个被接收到的或被发送的字节是与 AES 结果的 01…7 位进行异或运算,第 2 个被接收到的或被发送的字节是与 AES 结果的 89…15 位进行异或运算。以此类推,在 1B 之内,AES 结果的最低有效位是与被接收到的或被发送的有效数据的最低有效位进行异或运算。在有效数据之内,AES 结果的最低有效位是第 1 个被接收到的或被发送的数据位。

7.2 计数器的结构

计数器是由一个 IV 部分组成,它由 Host 层设置和控制。计数器对于主设备和从设备来说都是一样的。对于数据包而言,每发送 1 次,其计数器就会自动加 1。块计数器会按照被发送的包的方向和个体的加密块来进行设置。对于每一个被发送的包来说,第 1 个加密块用来定义 ICV 算法的密钥,相继的 2 个块用来保护有效净荷。

AES – CTR 中的 128 位的计数器具有如图 7.2 所示的结构。

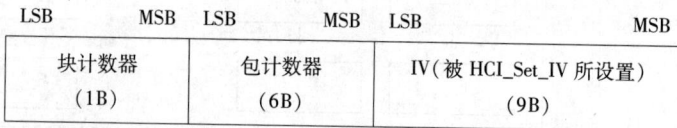

LSB MSB	LSB MSB	LSB MSB
块计数器 (1B)	包计数器 (6B)	IV(被 HCI_Set_IV 所设置) (9B)

图 7.2 计数器结构

块加密器具有如图 7.3 所示的结构。

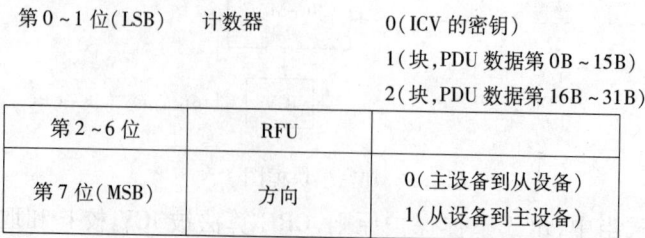

第 0 ~ 1 位(LSB)	计数器	0(ICV 的密钥) 1(块,PDU 数据第 0B ~ 15B) 2(块,PDU 数据第 16B ~ 31B)
第 2 ~ 6 位	RFU	
第 7 位(MSB)	方向	0(主设备到从设备) 1(从设备到主设备)

图 7.3 块加密器结构

块加密器虽然在一个数据包内使用,但是也可以表明数据流向。包的计数器会随着每一个包在给定的方向上增加数值。有 9B 的 IV 是由主机来设置的。对每一对通信设备和每一次会话来说,它都是唯一的。

由于重发,每一个方向上的计数器互相都不同步,所以对于每一个链路层的连接来说,链路层必须维护每个方向上的包计数器。IV 部分对于一个链路层连接的双方都是相同的。链路层的运行中也可能产生块计数器部分(包含方向位)。

HCI_Set_IV 命令设置 IV 部分的计数器(对双方都一样)。在连接建立时,包计数器被设置为全 0。

7.3 ICV

像 ICV 一样,包的鉴别码(MAC)如图 7.4 所示。

为了获得错误连接良好的性能,$p(x)$ 的零级因子(1)总被置为 1。

输入:

①24 位位串 p,代表一个多项式 $p(x) = \sum_0^{23} p_i \cdot x^i$,其中最低有效位被标记为 0;

②24 位位串 k;

③B 位消息 b,代表一个多项式 $b(x) = \sum_0^{B-1} b_i \cdot x^i$,其中最低有效位被标记为 0

计算:

$dx = b(x) \cdot x^{24} \bmod p(x)$

输出:

24 位位串 $\mathrm{icv} = d \oplus k$,其中 d 是多项式 $d(x)$ 的代表

图 7.4 ICV 算法的定义

对于每一个数据包而言,块计数器的值为 0x00 或 0x80(取决于被发送的或被接收的包的方向)的 AES 加密结果用来初始化 ICV 的密钥。$P(x)$ 的定义是从结果的最低有效位开始的,k 的定义是以结果的最高有效位结束的。因此,对于一个 24 位的 ICV 来说,$p(x)$ 被定义为 AES 结果的前 3B,k 被定义为最后 3B。

对于加密模式的接收效果来说,下一个被接收的包总是前一个包或一个新包的重发。但是,即使前一个包已经被正确地接收和确认(通过在响应包中正确的设置 NESN 位),它也会被认为是错误的。因此,接收机只需要 1 套 $p(x)$ 和 k 的值就可以在给定的时间接收来自于同等设备的分组。这也使得预算第 1 个 AES 块,和 ICV 的后续 $p(x)$、k 的值成为可能,同时可以为下一个接收到的分组

进行 ICV 块的配置。

ICV 的算法结构与相同长度的 CRC 的算法结构相似,CRC 的计算是 ICV 的一个特例(固定的 $p(x)$,$k=0$)。因此,CRC 和 ICV 可采用相同的 HW 块来计算。

7.4 密钥建立

会话密钥建立过程在链路层并不是直接可见的,但是可以通过 3 个完全不同的链路层机制和要求将它完成。

HCI_Set_Initial_Random_Vector:如果发起设备请求一个安全连接,那么这个命令将输入一个随机的向量(10B),在第 1 个可行的链路层数据包中,广播设备将向发起设备发送这个向量。如果请求的是一个开放模式,那么发送缓冲区将被清空,且在第 1 个链路层数据包中,将不会发送 PDU。这个数据包会通过广播设备使会话密钥的建立具有随意性,并且这个过程会缩短加密连接的建立时间。

当请求的是一个加密的连接时,在 CONNECTION_REQ 分组中,HCI 命令和事件以及主机要求中的发送者的地址,必须是一个新的结构化的私有地址,或者是一个完全随机的被标记为私有地址的地址。这种特性消除了对一个特殊随机向量的需求。作为一个链路层的数据 PDU,这个特殊的随机向量是源自于发起设备的。信息的位置也使得广播设备有额外的时间去计算会话密钥。

"连接加密模式改变"的子过程确保了开放模式与加密模式的相互转换过程中都不会发生通信的死锁。

总的来说,在一个加密会话的整个持续期内,假定都使用一个单一的会话密钥(和计数器)。在会话开始阶段,都会请求并建立加密会话。和这个规则唯一不同的是会话是一个匹配的会话,在这种会话的持续期内,加密是后期被激活的,并且加密也可能发生改变,当匹配完成时,匹配会话将被转换为一个普通的加密数据会话。

7.5 密 钥

7.5.1 概述

每个蓝牙设备都会生成并保持 2 个随机生成的密钥,身份根和加密根。IR 用于在连接中生成私有地址和隐藏多样化密钥,ER 是密钥多样化的基础。任何加密连接中,广播设备创建的密钥是会话密钥的基础。某些配置选项可以创建分担式密钥,但这些密钥仅仅用来保护(未来)广播设备密钥的传输。

加密模式中,广播设备把密钥分派给需要连接的设备或实体,身份根的一个派生用于私有地址的建立,因为每次只支持1个身份,所以许多发起设备将获得同样的IR。

在加密模式中,广播设备会向与它相连的设备提供区分标识符(Diverfier),该区分标识符是由它的ER(伴随16位区分标识符)产生的。协议中规定存在一个唯一的特定标识符——长期密钥(LTK),这个密钥分配给每个发起设备和每个可能的群组。此外,在规范中,ER的多样化规则仅仅只是推荐,因为对于外部广播设备而言,多样化规则是不可见的(16位区分标识符和128位密钥之间的任何映射规则都可以使用)。IR的多样化规则(如变为IRK(Identity Resolving Key)、PIR(Pairing Identity Root)、DHK(Diversifier Hiding Key)、PIRK(Pairing Identity Resolving Key)、PDHK(Pairing Diversifier Hiding Key))可以通过协议进行修改,但只能在发起方进行。

7.5.2　私有地址

为了保护用户的隐私,特别是在未被许可的频段上进行传输,在定位地址时,必须采用一个私有模式。地址类型的选择在与HCI命令和事件有关的链路层的连接中是可见的。地址有2种类型:私有和公有。

地址的选择和解析在Host层进行,这个过程对链路层没有影响,所以发起设备在定位地址时并不需要链路层的支持。只有1种情况例外,那就是当地址是短期的,主机必须周期性地设置存储在链路层中用来广播的地址(和它的类型),因为发起设备在CONNECT_REQ分组中需要写入它的地址参数。在连接期间,链路层使用的是较短的临时地址。如果公有地址持续地存储在链路层中,当需要被取回给Host层时,就会需要HCI的支持。

每个国家都有地址的生成算法,它或者创建为私有,或者是随机生成。创建的私有地址主要用于广播,具体参见7.6.5节。如果请求的是一个公开连接,发起设备就会使用一个构造式私有地址。如果请求的是一个加密连接,发起设备就会使用一个随机私有地址。

每个设备都会产生一个128位的随机身份根IR,该值是可变的,一旦改变就等同于重设身份。如果设备要建立加密连接,即使它只与公共地址进行通信,设备也必须要有一个IR。只有在与公共地址进行开放连接时,设备才不需要IR。

EK(数据)的加密操作是由HCI_Encrypt(参数为密钥K和16B的数据)命

令完成。

设备可能维持和使用多种并行的 IR,在某一特定时间内只有 1 个 IR 可以使用。也就是说,设备有不同的、相互排斥的身份和角色。

下面是 IR 生成的几个唯一的 128 位密钥:

$IRK = E_{IR}(0x00, 0x00, 0x00, 0x00, 0x00, 0x00, 0x00, 0x00, 0x00, 0x00, 0x00, 0x00, 0x00, 0x00, 0x00, 0x00)$

$DHK = E_{IR}(0x01, 0x00, 0x00, 0x00, 0x00, 0x00, 0x00, 0x00, 0x00, 0x00, 0x00, 0x00, 0x00, 0x00, 0x00, 0x00)$

$PIR = E_{IR}0x02, 0x00, 0x00, 0x00, 0x00, 0x00, 0x00, 0x00, 0x00, 0x00, 0x00, 0x00, 0x00, 0x00, 0x00, 0x00)$

下面是源于 PIR 的 128 位密钥——实际上也由 IR 得来:

$PIRK = E_{PIR}(0x00, 0x00, 0x00, 0x00, 0x00, 0x00, 0x00, 0x00, 0x00, 0x00, 0x00, 0x00, 0x00, 0x00, 0x00, 0x00)$

$PDHK = E_{PIR}(0x01, 0x00, 0x00, 0x00, 0x00, 0x00, 0x00, 0x00, 0x00, 0x00, 0x00, 0x00, 0x00, 0x00, 0x00, 0x00)$

7.6 生成私有地址

7.6.1 生成一个标准的私有地址

广播设备中的私有地址产生步骤如下:

(1)产生 IRK。

(2)选择一个 3B(24 位)随机向 $RAND = R_0, R_1, R_2$。

(3)$T = E_{PIR}(R_0, R_1, R_2, 0x00, 0x00, 0x00, 0x00, 0x00, 0x00, 0x00, 0x00, 0x00, 0x00, 0x00, 0x00, 0x00)$。

(4)私有地址 $= \{R_0, R_1, R_2, T_0, T_1, T_2\}$,这里 T_0, T_1 和 T_2 是 T 中的 3 个最高有效位。

7.6.2 扩展匹配期间生成私有地址

扩展匹配期间广播设备产生私有地址的方式如下:

(1)生成 PIRK。

(2)选择一个(12 位)随机矢量 $RAND = R_0, R_{12}$(R_{12} 为 4 位的数据)。

(3)$X = E_{PIRK}(R_0, R_{12}, 0x02, 0x00, 0x00, 0x00, 0x00, 0x00, 0x00, 0x00, 0x00, 0x00, 0x00, 0x00, 0x00, 0x00, 0x00)$。

（4）$T = E_{IRK}(R_0, R_{12}, X_0, X_{12}, 0x00, 0x00, 0x00, 0x00, 0x00, 0x00, 0x00, 0x00,$
$0x00, 0x00, 0x00, 0x00, 0x00)$。

（5）私有地址 $= \{R_0, R_{12}, X_0, X_{12}, T_0, T_1, T_2\}$，$T_0$，$T_1$ 和 T_2 是 T 的 3 个 MSB（最高有效位）。

7.6.3　解析私有地址

某种意义上说，申请实体解析私有地址的过程等同于地址创建。当发起设备有广播设备的 IR 时，基于 IR 的私有地址 $\{R_0, R_1, R_2, T_0, T_1, T_2\}$ 解析过程如下：

1）计算 IRK

$Y = E_{IRK}(R_0, R_1, R_2, 0x00, 0x00, 0x00, 0x00, 0x00, 0x00, 0x00, 0x00, 0x00,$
$0x00, 0x00, 0x00, 0x00)$

如果 $\{Y_0, Y_1, Y_2\} = \{T_0, T_1, T_2\}$，则匹配生成。如果进行的是扩展匹配，则需要基于 PIR 来解析私有地址 $\{R_0, R_{12}, X_0, X_{12}, T_0, T_1, T_2\}$。

2）计算 PIRK

$Y = E_{PIRK}(R_0, R_{12}, 0x02, 0x00, 0x00, 0x00, 0x00, 0x00, 0x00, 0x00, 0x00, 0x00,$
$0x00, 0x00, 0x00, 0x00, 0x00)$

如果 $\{Y_0, Y_{12}\} = \{X_0, X_{12}\}$ 则匹配生成。

在进行扩展匹配时，如果广播设备使用的是私有地址，那么它必须进行全局状态的扩展匹配。如果广播设备使用的是全局地址，那么由连接请求（CON-NECTION_REQ）的输入来确定扩展匹配的情况。

7.6.4　更改私有地址

在以下几种情况需要进行私有地址的改变/重建：

（1）开机/激活 Radio 层。

（2）如果在会话期间发送广播分组，则在会话中启动。

（3）会话终止以后。

（4）周期设置（间隔 15min）或 Next Device Address Attribute 到期时。

（5）某些应用要求更频繁的变化。

7.6.5　创建私有

当请求一个加密连接时，发起设备将使用随机地址。这种情况下，连接消息的源地址将被标记为"私有"，且由 6B（48 位）的随机数据组成。

只要是知道广播设备 IR 的设备就可以解析发起设备的密钥标识符。

7.7 创建加密会话连接

加密会话连接的密钥源于每个独立设备的 128 位的随机 ER,该值是可以改变的。如果设备只接收开放连接(使用公共地址),那么就不需要 ER。本节描述加密会话的建立,且假设发起设备有广播设备的身份根 IR 和与 LTK 关联的 DIV。

7.7.1 广播设备创建加密会话连接

在激活广播过程前,广播设备会产生一个初始随机向量,该向量由 10B 的随机数组成,这也是链路层传输给发起设备的第 1 个数据包。广播设备初始化后,就可以收到连接请求。

连接请求包括:

(1)SEC 位,表明是否有加密请求。

(2)PI 位,表明发起设备进行一个匹配连接。

(3)2B 的加密区分标识符(EDIV)(当 SEC = 1 时)。

(4)来自发起设备的 6B 随机地址 IRA(当 SEC = 1 时)。

在 SEC = 1 的条件下,广播设备会执行下面的动作:

(1)由 EDIV 计算 DIV。

可以由 $Y = E_{DHK}(IRA, 0x00, 0x00, 0x00, 0x00, 0x00, 0x00, 0x00, 0x00, 0x00, 0x00)$,得出

$$DIV = \{Y_0, Y_1\} \text{ XOR } \{EDIV_0, EDIV_1\}$$

或者在 PI = 1 的条件下,由

$$Y = E_{PDHK}(IRA, 0x00, 0x00, 0x00, 0x00, 0x00, 0x00, 0x00, 0x00, 0x00, 0x00)$$

得出

$$DIV = \{Y_0, Y_1\} \text{ XOR } \{EDIV_0, EDIV_1\}$$

(2)重新创建长期密钥。

$$LTK = E_{ER}(DIV, 0x00, 0x00, 0x00, 0x00, 0x00, 0x00, 0x00,$$
$$0x00, 0x00, 0x00, 0x00, 0x00, 0x00, 0x00)$$

(3)创建链路层的会话密钥 SK 和 IV(广播设备的地址 $AA = \{A_0, A_1, \cdots, A_5\}$):

$$SK = E_{LTK}\{IRA, IRV\}, \quad IV = \{IRA, A_0, A_1, A_2\}$$

(4)将 SK 和 IV 的值分配给链路层。初始设备用 HCI_Enable_Encryption 命令初始化连接模式。

上述过程如图7.5所示。

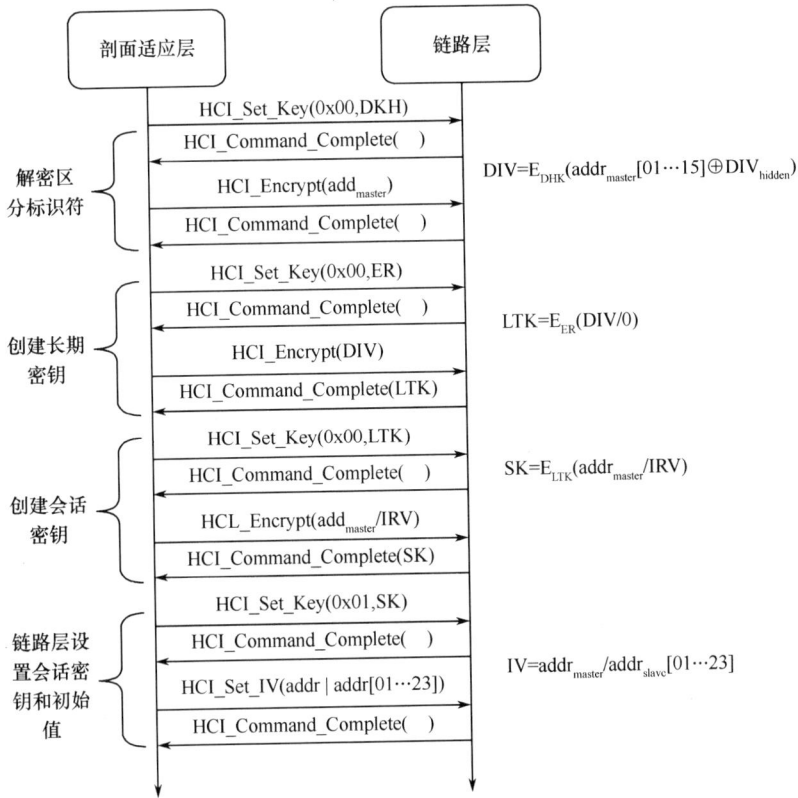

图7.5　广播设备创建加密会话过程

PAL 层首先发送 HCI_Set_Key(0x00, DKH) 命令到链路层,接收到 LL 的 HCI_Command_Complete( ) 确认后,再发送参数为(addr$_{master}$)的加密请求命令 HCI_Encrypt,LL 返回 HCI_Command_Complete( ),表明解析隐藏标识符的工作完成。此时,$DIV = E_{DHK}(addr_{master}[01 \cdots 15] \oplus DIV_{hidden})$。

在创建 LTK 过程中,PAL 首先发送设置加密命令到链路层 HCI_Set_Key(0x00, ER),收到 HCI_Command_Complete( ) 确认后,再发送参数为 DIV 的 HCI_Encrypt 命令,LL 返回参数为 LTK 的 HCI_Command_Complete( ) 确认,表明创建 LTK 过程完成。此时,$LTK = E_{ER}(DIV/0)$。

在创建会话密钥的过程中,PAL 首先发送参数为(0X00, LTK)的 HCI_Set_Key( ) 命令给 LL,在接收到 HCI_Command_Complete( ) 确认后,再发送 HCI_Encrypt(addr$_{master}$/IRV)命令,LL 返回 HCI_Command_Complete(SK),表明会话密

145

钥创建成功。此时,$SK = E_{LTK}(addr_{master}/IRV)$。初始值为 $IV = addr_{master}/addr_{slave}$ $[01\cdots23]$。

在设置 LL 的 SK 和 IV 值过程中,PAL 分别发送命令 HCI_Set_Key(0x01, SK)和 HCI_Set_IV(addr | addr[01…23])到 LL,LL 返回 HCI_Command_Complete( ),表明 SK 和 IV 值设置成功。此时,$IV = addr_{master} | addr_{slave}[01\cdots23]$。

7.7.2 发起设备创建加密会话连接

发起设备首先扫描广播设备,找到同等层的地址 $AA = \{A_0, A_1, \cdots, A_5\}$ 后,发起设备再选择6B的随机地址(IRA),然后完成下面的动作:

(1)由 DIV 计算出 EDIV(有2种方法)。

或者由 $Y = E_{DHK}(IRA, 0x00, 0x00, 0x00, 0x00, 0x00, 0x00, 0x00, 0x00, 0x00, 0x00)$ 得出

$$EDIV = \{Y_0, Y_1\} \ XOR \ \{DIV_0, DIV_1\}$$

或者在 PI = 1 的条件下,由

$$Y = E_{PDHK}(IRA, 0x00, 0x00, 0x00, 0x00, 0x00, 0x00, 0x00, 0x00, 0x00, 0x00)$$

得出

$$EDIV = \{Y_0, Y_1\} \ XOR \ \{DIV_0, DIV_1\}$$

然后发起者请求一个连接,该连接包括:

①如果请求加密连接,SEC 位置为1。

②如果在发起设备和广播设备间扩展匹配,PI 位置为1。

③2B 的 EDIV。

④来自发起设备的6B 的 IRA。

当连接已经建立,发起者从广播分组中得到一个10B 的随机向量(IRV)作为数据 PDU(类型0xFD),然后从长期密钥中计算会话密钥 SK 和 IV。

(2)计算 LL 的会话密钥 SK 和 IV。

$$SK = E_{LTK}(IRA, IRV)$$

$$IV = \{IRA, A_0, A_1, A_2\}$$

(3)将 SK 和 IV 分配给 LL。最后,发起者将初始化"连接模式变化"(Enable_Encryption)。

上述具体过程如图7.6所示。

PAL 首先发送 HCI_Rand( )命令到 LL,接收到 LL 的 HCI_Command_Complete(rand)确认后,表明创建随机过程完成。此时,$addr_{master} = rand[01\cdots47]$。

在解密标识符的过程中,PAL 首先发送 HCI_Set_Key(0x00, DHK)命令到 LL,收到 HCI_Command_Complete( )确认后,再发送参数为 $addr_{master}$ 的 HCI_

146

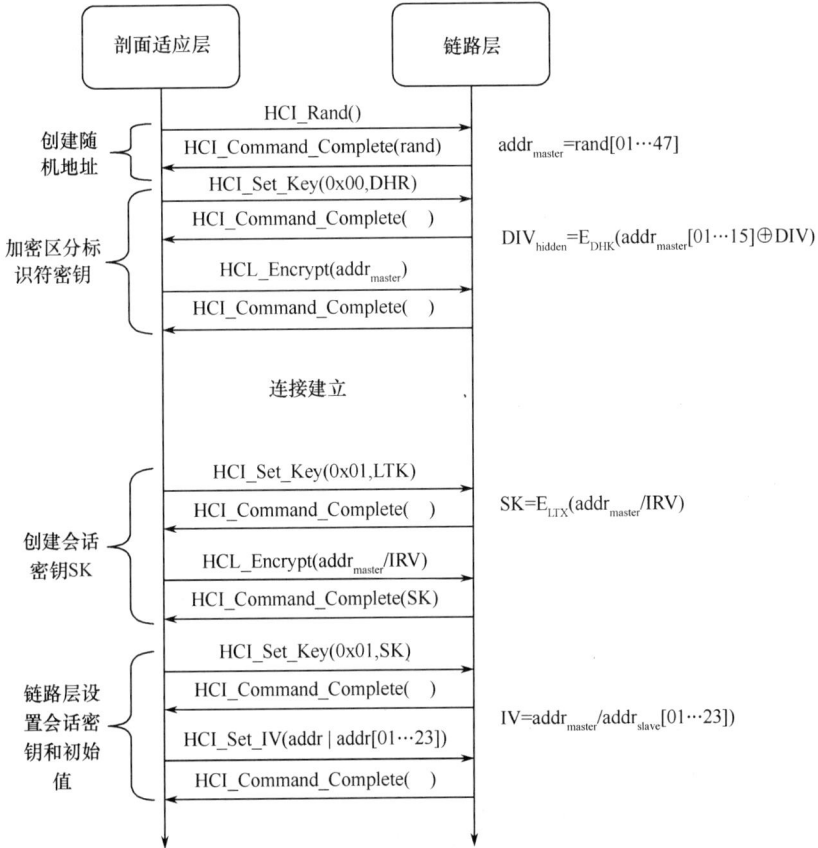

图 7.6　发起设备创建加密会话连接

Encrypt 命令,LL 返回 HCI_Command_Complete( )确认,表明该解密过程完成。此时,$DIV_{hidden} = E_{DHK}(addr_{master}[01\cdots15] \oplus DIV)$。

在创建会话密钥的过程中,PAL 首先发送参数为 $(0x01, SK)$ 的 HCI_Set_Key( )命令给 LL,在接收到 HCI_Command_Complete( )确认后,再发送 HCL_Encrypt($addr_{master}$/IRV)命令,LL 返回 HCI_Command_Complete(SK),表明会话密钥创建成功。此时,$SK = E_{LTK}(addr_{master}/IRV)$。

在设置 LL 的 SK 和 IV 值过程中,PAL 分别发送命令 HCI_Set_Key($0x01$, SK)和 HCI _ Set _ IV ($addr_{master}$ | addr staye $[01\cdots23]$)到 LL,LL 返回 HCI_ Command_Complete( )表明 SK 和 IV 值设置成功。此时,$IV = addr_{master}$ | $addr_{slave}[01\cdots23]$。

147

7.7.3　密钥更新

安全会话建立之后，当前的主机规范并不支持密钥更新或安全参数的重建。加密过程往往是在一个会话刚开始时进行的。唯一例外的是，在匹配过程的第1阶段后，会话加密密钥和状态会发生改变。

7.8　匹配和密钥交换

ULP 蓝牙主机规范支持的匹配算法主要针对传感器的应用以及用户交互界面、处理能力和可用存储容量有限的状况。支持的匹配程序主要包括：

（1）广播设备向发起设备发送明文密钥。该程序有 2 个扩展模式，在前 n 个连接中改变密钥（攻击者错过任何一次更新就可以提高安全性）。第 1 个扩展模式适用于移动设备的匹配。第 2 个扩展模式可以提高密钥的安全性，适用于家庭/固定的环境。

（2）使用预存密钥用来保护密钥入侵时的安全。当一方设备或者双方设备都有出厂时预先设定好的固定密钥，或者是当匹配机制（在更前时的连接）首先被用来创建一个密钥，后来又被用来进行密钥的交换时，预存密钥可以用做密钥入侵的解决方案。

匹配分 2 个阶段执行，在匹配开始之前需要使用 Start Pairing Request 和 Start Pairing Response 进行配置信息的交换。这些信息通常在开放连接开始时就进行交换，可以称为匹配的 0 阶段。

（1）在成功进行匹配信息的交换后就进入第 1 阶段的操作，这一阶段不受加密保护。为了进行匹配的扩展，在连接时就可以直接进入该阶段（此时，PI 位应置为连接请求状态，SEC 位应置为关闭状态）。

（2）匹配的第 2 阶段是在加密通道中执行的，受临时密钥的保护。该密钥可以是第 1 阶段的结果，也可以是由更早期的扩展阶段产生的。在连接时也可以直接进入该阶段（此时，PI 位设置为连接请求状态），在此保护通道中，可能执行下列一种操作：

①传送长期密钥和认证。

②传送扩展（临时）密钥和认证。在不可区分的扩展模式中，只能进行有限的密钥交换。

（3）第 3 阶段和匹配无关，是正常的会话，并且使用了与第 2 阶段相同的密钥保护。长期的使用这个密钥进行通信可能会增强（取决于匹配机制）攻击 LTK 的可能性，可能会导致在第 2 阶段中提供的长期密钥长度少于 128 位。第3 阶段使

148

用方便和实用性的扩展模式,为简单设备提供了方便,流程如图 7.7 所示。

应用规范定义了第 3 阶段的用途,如果没有定义任何第 3 阶段的使用,匹配的设备将终止匹配会话,用长期密钥建立新的会话。

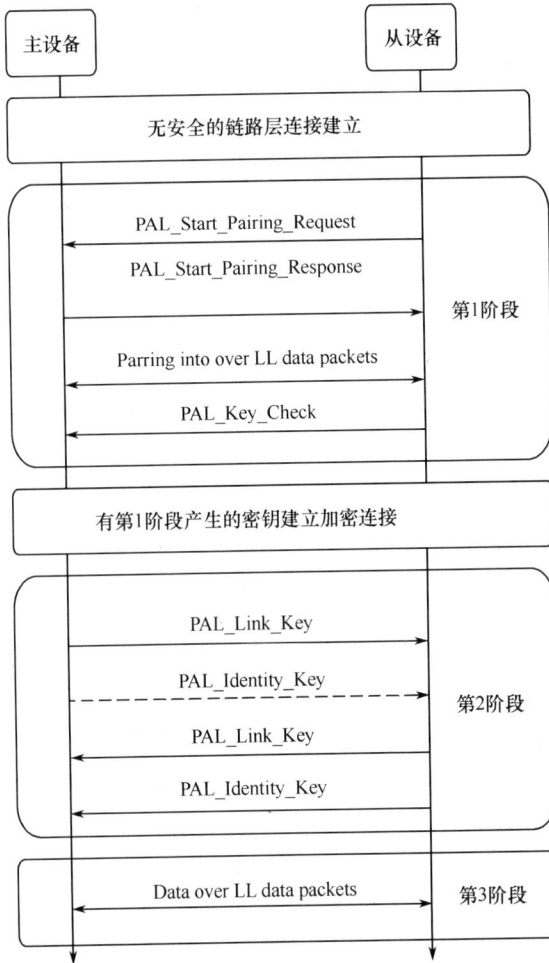

图 7.7 匹配阶段示意图

7.8.1 匹配第 1 阶段

在匹配的第 1 阶段将会产生一个共享通用密钥 SK。通过一个连接请求(设置 PI 位为连接状态,SEC 位为关闭状态)就可以直接进入匹配的第 1 阶段。

1. 明文密钥匹配

在匹配过程中,最简单的匹配算法不能提供任何防止攻击的保护。它包含

2个内容:一个是发起者发送的密钥转换 PDU 中的 16 位的随机向量 RAND;另一个是广播设备发送的作为应答的密钥检查 PDU。2 个设备都按下列方法计算共享密钥:

（临时密钥）TK = {0x00,0x00,0x00,0x00,0x00,0x00,0x00,0x00,0x00,
0x00,0x00,0x00,0x00,0x00,0x00,0x00}

$$SK = ETK(RAND)$$

具体流程如图 7.8 所示。

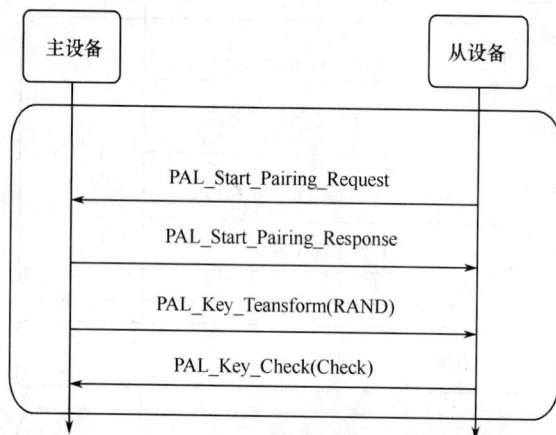

图 7.8　明文密钥匹配

2. 预共享密钥匹配

由于某些连接中介、密钥输入或者其他原因,设备之间拥有共享的可以用来匹配的因素,此时就可以使用预共享密钥来进行匹配。临时密钥 TK 是 AES 加密模块在 Davies – Meyer 公式($H_i = E_{m_i}(H_{i-1}) \oplus H_{i-1}$)中用 0 – padded hash 算法(整除 16B)计算出来的。此时,mx 是 16B 的消息模块,最后由 H_X 生成 TK,初始化 H_0 定义为

H_0 = {0x00,0x00,0x00,0x00,0x00,0x00,0x00,0x00,0x00,0x00,0x00,0x00,
0x00,0x00,0x00,0x00}

信令和随机数 RAND 作为明文密钥匹配进行处理。

$$SK = ETK(RAND)$$

共享密钥由临时密钥加密随机数生成。

共享密钥的存在和选择不在本书中进行讨论,它可以由广播分组的净荷来确定。

3. 蓝牙简单匹配

主机规范是以信令参数的形式来支持 BT 简单匹配的。在开始匹配协商

150

后,将建立 PAL 的面向连接信道。外部匹配的信道序号由 PSM 值来定义。在匹配产生一个共享密钥 SK 后,该信道将被终止。在广播设备发送密钥检查信息时,该匹配阶段终止,此时进入匹配的第2阶段。

7.8.2 匹配第2阶段

在第2阶段的匹配中,第1阶段产生的共享密钥 SK 用于初始化加密会话。通过在连接请求中设置 PI 比特位和 SEC 比特位,可以进入匹配的第2阶段。

在第2阶段的匹配中,发起者(如果指示有传送给广播设备的密钥)首先发送它的密钥资料给广播设备。当广播设备收到长期密钥 LTK 和 IR(在扩展期间,临时的身份 PIRs 将会取代 IR 进行传输)后,它将把参数分别发送给发起者,它们将按以下的顺序进行发送:

(1)长期密钥;

(2)身份根。

因此,要么广播设备接收到发起设备的身份认证,要么发起设备将接收到广播设备的身份认证。此时匹配第2阶段完成,设备可以继续选择进入第3阶段的通信。

1. 明文匹配的扩展模式

2 个明文匹配的扩展模式都是为了提高匹配的安全性。如果匹配的一方是传感器或者是一些其他的简单设备且系统需要安全保护时,若采用过于复杂的算法,系统开销又不符合成本效益,此时就需要采用明文匹配的扩展模式。2 种模式都无需用户的交互,而且连接的干扰也保持在最低限度。

扩展模式在连接请求 PDU 中通过设置 PI 位来连接2 个或多个连接。通过设置 SEC =0,PI =1,就可以进入第1 阶段的匹配。通过设置 SEC =1,PI =1,就可以进入第2 阶段的匹配。

扩展模式主要针对广播设备为没有主机能力的简单设备(有的甚至没有长期存储的能力)的情况,匹配算法正好可以说明这一点,且密钥交换(第2 阶段)也只能单方向进行(即从广播设备到发起设备)。当需要进行双向的密钥交换时,在从发起设备到广播设备的方向上,可以采用预存密钥匹配或者另一个新的扩展式明文匹配。

2. 重新连接的扩展模式

重新连接的扩展模式适用于移动设备的不对称匹配,由于设备的连续监测,使得设备很难会被攻击,如图 7.9 所示。但是对于固定装置而言,重连的扩展模式就不太适合。

在扩展阶段,广播设备将分配 PIR 作为认证,而不是 IR。同样,它会构造自

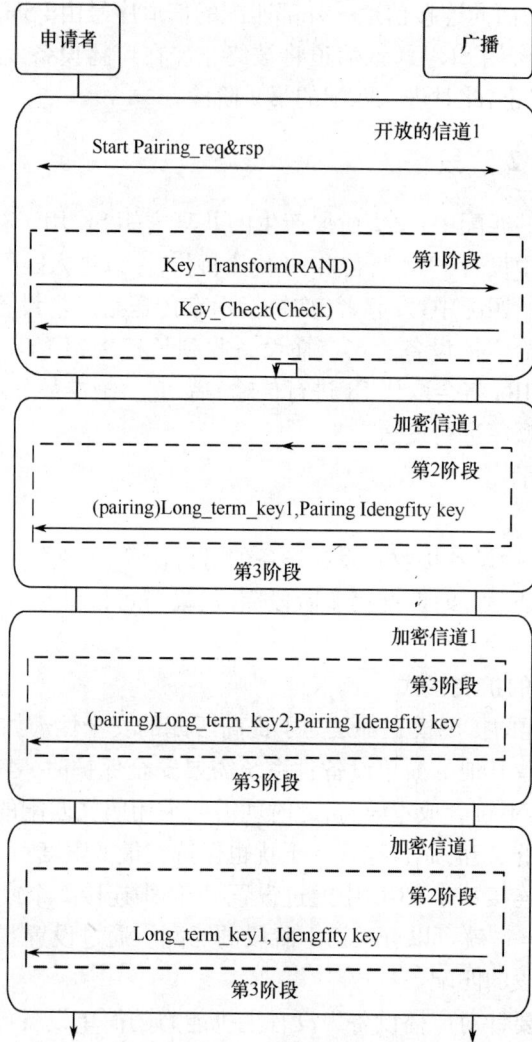

图 7.9　重新连接扩展

已的私有地址,进行基于 PIR 的匹配。假设在扩展过程中,PIR 和来自区分标识符空间的长期密钥一直没有改变,然而广播设备却可以自由使用任何密钥设置。当然这些对于发起者来说是不可见的。

支持扩展匹配的广播设备的算法如下。

第 1 个(匹配)连接:

(1)多样化 PIR,为私有地址的生成打下基础。

(2)明文匹配中,标明重发扩展。

（3）给对等层一个临时的 LTK，同时设置一个 PIR 和一个初始化的区分标识符 $i = k$。如果 PIR $=1$ 且 SEC $=1$，那么在随后的连接中。

（4）基于 PDHK 对区分标识符进行解密。

（5）检查区分标识符是否为 k 或 $k-1$，如果都不是，那么终止连接。

（6）用临时的 LTK 建立一个加密连接。

（7）给对等层一个区分标识符为 $k+1$ 的临时 LTK 和 PIR。如果 $k-i > X$，那么从现存的区分标识符空间中给出一个 LTK 和 IR。X 是循环迭代的次数，$X > 1$。

支持扩展匹配的发起设备的算法如下：

（1）在开放模式下进行连接（初始化可以进行重传扩展的明文匹配）。

（2）接收一个 LTK 和 PIR。

（3）保持设备的扩展状态。

在进行设备的扫描时，对 PIR 进行监测。在随后的连接中：

（4）进行加密模式的连接（设置 PI 比特位）。

（5）接收一个 LTK 和（P）IR。

如果接收到的 IR 不等于先前接收的 PIR，表明已经收到最终的密钥（LTK/IR）。此后，扫描监测 IR 的使用。

3. 广播的扩展

当 2 个设备以相同的地址进行广播而不可区分时，需要采用广播扩展模式。它可以被视为终端用户执行的防止攻击的安全措施。广播扩展模式结构简明且按次序运行，产生密钥的时间大约为 3s，无需用户的交互，且代码开销被降到最小。

在这样的扩展模式中，通过非连接广播分组 ADV_NONCONN_PAYLOAD_IND 来进行密钥的扩展。扩展往往是在第 1 个配置连接和下一个数据连接之间进行的，也就是说，在第 2 个连接刚开始时，扩展过程就已经结束了。

在进行广播扩展指定的明文匹配之后，广播设备将产生一个扩展模式类型的私有地址。接着每 200ms，广播设备将以 $30 \times 625\mu s$ 为间隔，用 ADV_NON-CONN _IND 分组进行广播。最后进入下面的 126 次循环迭代。

广播设备：

```
for i = 1 to 126
    {x = (1ms…45ms);
    sleep x;
    y = (1ms…5ms)};          //以 1 * 625μs 的间隔进行 ci 的传输
sleep 150ms;                  //等待
```

发起设备在高层有相似的操作。在配对阶段它会扫描分配给它的地址，发

现后它会把自己的地址设置为此值,并执行以下操作:

发起设备:

sleep 150ms   //接收同步信息

for i = 1 to 126

       {x = (1ms···45ms);   //扫描,从对等层收集广播净荷

       y = (1ms···5ms)};   //以 $1*625\mu s$ 的间隔进行 c_i 的传输

整个广播阶段大概需要 3s 的时间,当广播通信完成时,它将设置其广播信息到 ADV _IND。发起设备在开放的模式下通过设置 PI 位与广播设备重新进行连接。此时,主机又开始进入第 1 阶段的匹配。发起设备将使用 18 个 KEY_TRANSFORM 分组来发送 126 位的有效载荷,而这些有效载荷要么是发起设备发送的,要么是从广播设备接收到的广播分组。这个传输过程理论上大约需要 20ms 的时间。事实上,无论有效载荷是由发起设备还是广播设备发出,这些命令和事件都提供了一组可用做密钥的 126 位。

广播设备使用密钥检查(KEY_CHECK)PDU 对生成的密钥 SK 进行应答,此时进入配对的第 2 阶段。在这个阶段中,最终的密钥将进行交换,且扩展阶段结束。

连接的双方在加密操作上大致是一样的,在广播扩展阶段,双方设备都会产生一个 16B 的随机数 SRAND,基于随机字节 b_r 的 c_x 计算如下:

$$T = \mathrm{ESrand}\{b_r, 0x00, 0x00, 0x00, 0x00, 0x00, 0x00, 0x00,$$
$$0x00, 0x00, 0x00, 0x00, 0x00, 0x00, 0x00, 0x00, 0x00\}$$

$$c_x = \{b_r, T_0, T_1, T_2\}$$

在广播阶段,通信双方将传输各自的 c_x($c_0 - c_{125}$)值,共 126 位。发起设备在重连模式的第 1 阶段就开始选择这 126 位的传输净荷,这些净荷有些是扫描到的,有些是设备发送过的,理想状态下它们应各占 50% 的比例。

当广播设备接收到这些净荷以后,它会检查每一个接收到的 4B 数据是否为已存储的净荷,如果没有存储过,它会重复如下的计算来进行验证:

$$d_x = \{b_r, T_0, T_1, T_2\}$$
$$R = \mathrm{ESrand}\{b_r, 0x00, 0x00, 0x00, 0x00, 0x00, 0x00, 0x00,$$
$$0x00, 0x00, 0x00, 0x00, 0x00, 0x00, 0x00, 0x00, 0x00\}$$
$$R_0 == T_0, \quad R_1 == T_1, \quad R_2 == T_2?$$

第8章 ULP 蓝牙应用前景

8.1 ULP 蓝牙技术的特点

近年来,各种短距离无线传输技术层出不穷,包括 Bluetooth、ZigBee、Wi - Fi、WiMAX、无线 USB、UWB 等。由于各自的特点不同,它们应用的领域也有所区别。因此,在研究 ULP 蓝牙技术的应用前景时,首先对 ULP 蓝牙技术的特点做以下总结。

ULP 蓝牙技术的主要特点有:

1. 省电

对于采用了标准蓝牙技术的设备来说,当它想要处于可连接状态或者可发现状态时,它必须使自己的 Radio 层在一段时间内保持激活状态。因为在这段时间内,其他的设备有可能会向它发送数据包。它在这段时间内会扫描超过 32 个不同的频率,以及在移动到下一个频率之前,它还会对当前的频率进行检查以判断此频率是否可用。这段时间总共会持续超过 22ms。

而对于采用了 ULP 蓝牙术的设备来说,当它想要处于可连接状态或者可发现状态时,它只需要发送 3 个短的数据包,之后,立即开始监听,以判断是否有其他的设备想要和它开始会话。这种会话可以是一种扫描请求,例如,在设备发现阶段,为了显示而请求更多的关于用户接口的信息。它还可以是一种连接请求,这种请求被用来在 2 个设备之间发起一个连接。这 3 个数据包占据的时间以及为了获得回应而进行监听所消耗的时间加在一起总共只有 1.4ms。由此可以看出,采用 ULP 蓝牙技术的设备的效率比采用标准蓝牙设备的效率高了 17 倍之多。

一个设备从醒来,建立连接,发送应用数据,到断开连接,总共占用的时间对它的电池的寿命有很大的影响。占用的时间越短,所消耗的能量也就越低,电池的使用寿命也就越长。采用了 ULP 蓝牙技术的无线通信设备只需要 3ms 的时间就可以完成上述过程,从而大大延长了其电池的使用寿命。

在标准蓝牙技术中,包的开销为 210μs(这个数值指的是 DM1 包的开销,这个包包含了 1B ~ 4B 的 L2CAP 包头),而在 ULP 蓝牙技术中,包的开销为 112μs(这个数值指的是一个数据包的开销,这个数据包有 4B 的 L2CAP 包头)。这就意味着,当发送相同的信息的时候,ULP 蓝牙技术的包的大小基本上只有标准蓝

155

牙技术的包的1/2。因此,与标准蓝牙技术相比,ULP蓝牙技术可以使用更少的能量去传送相同数量的应用数据。

在第2章中,介绍了ULP蓝牙技术采用的是具有SSR(Sniff Sub - rating)功能的搜索模式,通过被设定在2个设备之间相互发送确认信号的时间间隔来达到节省功耗的目的。一般来说,当2个被连接的蓝牙设备进人待机状态之后,这2个蓝牙设备之间仍然需要通过相互的呼叫来确定彼此是否仍在联机状态。也正因为这样,蓝牙芯片就必须随时保持在工作状态,即使蓝牙设备的其他组件都已经进入休眠模式。为了改善这样的状况,标准蓝牙的2.1版本的规范将2个设备之间相互发送确认信号的时间间隔从旧版的0.1s延长到了0.5s左右,这样就可以让蓝牙芯片的工作负载大幅的降低,也可以让蓝牙设备有更多的时间进行彻底的休眠。采用此技术之后,蓝牙装置在开启蓝牙连接之后的待机时间可以有效地延长5倍以上。虽然标准蓝牙也采用了这种模式来实现低功耗运行,但它和ULP蓝牙的区别在于,ULP蓝牙从连接一开始就采用这种模式。这就是说,每个ULP蓝牙连接均自动处于SSR搜索模式,因此ULP蓝牙设备能自动以极低的功耗去运行。

标准蓝牙设备有3个不同的功率级别,各个级别的最小输出功率分别为1mW、0.25mW、N/A,而采用了ULP蓝牙技术的设备的最小发射功率为0.01mW,并且它的发射功率还会随着Radio层的工作模式的改变而动态地改变。由此可以看出,对于ULP蓝牙设备而言,最小的发射功率只是标准蓝牙设备的最小输出功率的1/25。

综上所述,ULP蓝牙技术特别省电,避免了频繁的更换电池或充电,从而减轻了网络维护的负担、增加了网络使用寿命。特别像在极端危险的战场环境中,出于安全方面的考虑,战斗人员不大可能频繁为传感器更换电池,因此,ULP蓝牙无线技术的超低功耗将尽可能的有效的减小战斗人员的伤亡。

2. 可靠

ULP蓝牙的设计非常可靠。它采用了跳频技术,每隔一段时间就从一个频率跳到另一个频率,不断搜寻干扰比较小的信道。因此,从根本上保证了数据传输的可靠性。

3. 廉价

ULP蓝牙设备可采用现有的标准CMOS工艺技术制造。由于其时序要求不像标准蓝牙那样严格,以及协议栈被设计的非常简练,因此,它的研发和生产成本相对较低。

由于ULP蓝牙设备工作在2.4GHz频段,因此,它无需缴纳版权或专利费用,从而也可以降低它的成本。

4. 无限制

ULP 蓝牙是一种真正的全球技术,在使用方面没有特殊的规定,也不存在限制性规则。

5. 安全

ULP 蓝牙技术提供了数据完整性检查和鉴权功能,采用 128 位 AES 对数据进行加密,使网络安全能够得到有效的保障。

8.2　ULP 蓝牙技术的应用

ULP 蓝牙技术可用于小型设备之间的简单数据传输,仅需 1 枚钮扣电池便可运行 10 年。这意味着该技术能够提供一种全新的蓝牙连接性,可满足各种领域的需求,如工业控制、消费性电子设备、汽车自动化、农业自动化和医用设备控制等,市场将会非常庞大。

8.2.1　运动安全

位于身上的传感器连接上鞋和其他合适装可以收集心率、距离、速度、加速度等数据信息并发送数据到手机或个人存储设备上以备处理。

运动手表是 ULP 蓝牙技术在运动、健身和保健方面的典型应用。这种手表实际上是所谓个人区域网络(Personal Area Network,PAN)的核心。运动手表可以显示和存储运动中人体的各种信息,如心率、行进速度、步伐频率等。戴上这样的手表,并在身体相关部位或运动器材上佩戴或安装数据采集和发送装置,使用者便可实时监测自己的运动状态,根据自己的身体条件加上医生的建议随时调整运动强度,以达到最佳的锻炼效果。

值得注意的一点是,通常只用做计时的手表突然变成了 PAN 数据网络的核心。在手机等便携电子设备流行的今天,手表作为计时工具的作用已经大大降低,所以越来越多的人选择不佩戴手表。而与此同时,运动健身越来越流行。作为运动数据的存储和显示设备,手表有可能获得重新焕发生命力的机会。ULP 蓝牙技术很有可能会拯救日趋衰落的钟表业。

8.2.2　无线办公和移动附件

ULP 蓝牙技术的小尺寸和长电池寿命使得它在无线办公和移动附件领域有着广泛的应用,如无线键盘、游戏设备等。

除了为笔记本等配备无线耳机/耳麦以外,ULP 蓝牙技术最大的应用就是蓝牙所没有覆盖的市场缝隙:为台式机配备无线耳机/耳麦。其中,最有吸引力的应用场合是呼叫中心。在呼叫中心，因为话务人员时常需要走动，所以戴无线耳麦会更方便。另外，因为话务员要长时间通话，所以耳机电池的使用寿命要长，以避免频繁更换电池。而 ULP 蓝牙技术正好符合这些要求。

8.2.3　射频遥控器

遥控器既可以归于计算机外设，也可以归于家庭娱乐。现在使用的遥控器几乎都采用红外技术，它具有价格低廉、使用可靠等优点。主要缺点是功能受到限制，跟不上系统端的快速发展。与红外遥控器相比，射频遥控器的优势在于可实现双向高速数据传输，可以做到在遥控器上实现反馈显示。另外，射频遥控器不怕遮挡，工作距离也更远。

射频遥控器的典型应用是对媒体中心的遥控，经典案例是在卡拉 OK 厅用遥控器点歌。由于遥控器上有节目显示，你就不必跑到主机那里看主机屏幕上的菜单。由于射频信号可以穿过来往的人群，你的操作就不会因为受到干扰而中断。这样的功能是普通红外遥控器无法实现的。

伴随着基于计算机的媒体中心进入家庭，射频遥控器的应用也将更加广泛。微软公司已经提出了支持 Windows Vista Side Show 技术的双向遥控概念。这个概念就需要射频技术来提供双向通信。ULP 蓝牙技术能够满足这些要求，且在成本和功耗方面都是最佳选择。

8.2.4　医疗保健

目前，世界各地的医院和医疗保健机构使用各种各样的系统，在医院和家里跟踪、监测和记录病人的病情。虽然围绕这些问题，已经出现了各种管理手段和方法。然而在病人不同的治疗阶段之间，比如在住院和门诊治疗阶段（包括在家）之间，医疗机构对病人进行的监控和跟踪是脱节的。现在的确需要效率更高且低成本的办法来解决这个问题，而 ULP 蓝牙无线技术有可能促进这类办法取得成功。

通过专门的 ULP 蓝牙无线技术仪器和可以佩戴在身上的传感器[11]，从病人与医疗保健人员接触开始，就可以用 ULP 蓝牙无线技术一直对病人进行无线自动跟踪和监测。这些系统能够把每一个治疗阶段对病人的跟综和监测情况完整地记录下来，同时，医护人员能够迅速查阅这些信息，了解病人之前所经历的一切。

跟踪和监测技术不一定限于住院病人和门诊病人，它完全可以扩大到病人家中。而且通过无线技术进行的跟踪和监测，在本质上是悄无声息的，不会引起病人的注意，因而能够最好地配合医疗保健领域的发展趋势，切实保证当病人必须在医院和保健机构治疗时，能够得到精心的治疗。由于医疗保健费用上升，这个趋势只会加快。

利用 ULP 蓝牙无线技术可以实现无线监控,因此,对于迅速成为人类几大健康杀手的疾病,例如高血压、心脏病和糖尿病等慢性病,可以使用该技术进行远距离管理。

在医疗保健领域,ULP 蓝牙无线技术还有一个潜力巨大的用武之地,它能够帮助老人更加独立地生活起居,即在可能的条件下,能够帮助老人在自己家中(而不是在医院)更有尊严地生活。随着发达国家和发展中国家老年人口的数量不断增加,如何解决治疗和关怀长者的成本正迅速成为一个重要的政治问题。

ULP 蓝牙无线技术有可能成为部分解决这个问题做出贡献,它不但能满足资金受到限制的保健服务部门和各国政府的需要,也能让老人有机会尽可能长时间地呆在自己家中独立生活。具体来讲,这意味着能自动地监测和照顾在家里的大量老人,以尽量减少昂贵的家访。

通过适当的基础设施,用 ULP 蓝牙无线技术可以远距离监视病人是否正确地服药、病人是否成功地起床、准时吃饭,监测病人在便溺失禁后,是否进行了清洁。

2007 年,CSR 的 Robin Heydon 出席了 Continua 健康联盟关于 ULP 蓝牙在医疗中的应用前景的活动,并针对首次蓝牙健康设备应用框架(HDP)进行演讲。为满足这一市场的特定需求,CSR 与蓝牙 SIG 现已设计 HDP。

8.2.5 其他领域

ULP 蓝牙技术潜在用途广泛,未来将会有大量的市场需求。在众多细分市场中,有几个是全新的,它们是时尚区域网(FAN)、机器对机器通信(M2M)和基于位置的服务(LBS)。

时尚区域网能够在人们的个人物品与移动电话之间创建链路,这些个人物品包括鞋子、外套、珠宝等。当你接听放在背包底层的手机来电时,不用翻动背包,因为手机的数据已通过 ULP 蓝牙自动传送到了你手上的配饰上,它能显示呼叫方的信息,并允许你通过蓝牙耳机来接听电话;如果呼叫方问你天气如何,你按一下配饰上的某个按扭,配饰便可通过 ULP 蓝牙从你的夹克上获取温度数据。

同样,M2M 也有许多的应用情景。例如,体重计,它能够通过 ULP 蓝牙连接到互联网、手机或电脑上,并能随时记录体重,有助于人们实施减肥计划。

对于位置服务,举例来说,在饭店和大型购物中心放置 ULP 蓝牙设备,利用这些设备消费者就能够方便地找到菜单和自己想去的商店。

8.2.6 应用小结

蓝牙技术今天已经非常普及。虽然它在流媒体方面的应用非常成功,但在低数据吞吐的应用场合倒有点像大炮打蚊子——大材小用。而 ULP 蓝牙技术的低功耗正好弥补了蓝牙应用的这一空缺。

ZigBee 同样也可以用于室内的无线通信互连,但它适用的网络不适合广大的个人消费用户应用,而 ULP 蓝牙在个人应用方面却是强项。同 ZigBee 技术相比,ULP 蓝牙可实现与 ZigBee 相同的应用,而且功能更多、功耗更低,并兼容蓝牙 V2.1 + EDR 标准,可并为消费者提供更多的选择。最重要的是,ULP 蓝牙技术具有的特性可以使所有具有蓝牙功能的设备一起工作,而这对于点对点传输的 ZigBee 来说是不被允许的。

有理由相信,将会有越来越多的内置 ULP 蓝牙功能的设备进入人们的生活,并将极大地改善人们的运动、保健和娱乐生活的方式和体验。

8.3　相关蓝牙芯片

蓝牙技术发展了近 10 年,先后有 V1.0、V1.1、V1.2、V2.0 和 V2.1 等版本。在 V1.2 版本中加入适应性跳频技术;V2.0 版本则在数据传输速度上大幅提升;V2.1 进一步缩短配对时间,并且降低能耗。ULP 蓝牙通信是在蓝牙技术基础上发展起来的,本节针对相关的蓝牙芯片进行简要介绍,以加深读者对 ULP 蓝牙解决方案的理解。

8.3.1　AS3600

本土厂商捷顶微电子有限公司推出了其 OceanBlue 芯片系列的首颗通用型蓝牙 SoC 单芯片 AS3600,它是亚洲第一个通过蓝牙国际标准组织——Bluetooth SIG 测试和认证的,符合规范并实现量产的完全自主开发的蓝牙单芯片解决方案。该芯片集成了 2.4GHz 无线射频收发器和小功率射频功率放大器、射频模拟基带电路和 GFSK 调制解调器,有效通信距离可达 20m。作为 OceanBlue^{TM} 家族的第一代产品,AS3600 采用低功耗的 CMOS 技术,并为嵌入式移动设备应用进行优化,适用于手机、PDA、声频和计算机外围设备等应用。

AS3600 兼容蓝牙规范 1.1 和 1.2 版本,并支持包括 AFH 和 e-SCO 等特性,其配备的标准软件包括至主机控制接口的所有低层通信协议。AS3600 还内置了 2Mb 的 ROM 用于存储蓝牙协议及应用软件,它具有以下一些特点:

蓝牙单芯片。

采用低功耗 0.18μmCMOS 工艺。

兼容蓝牙 1.1 和 1.2 规范。

极少的外围元件。

-84dBm 典型接收灵敏度,极佳的干扰抑制性能。

符号 Class2 和 Class3 的发射功率,最大可达 6dBm。

低带外辐射。

集成的 32KB 的 SRAM。

高速 UART,USB 和 SPI 接口。

PCM 数字声频接口。

支持 Piconet 至最多 7 个活动连接。

内置 1.8V 线性稳压器,输入电压为 2.2V ~ 4.2V。

FBGA – 64 封装。

AS3600 的功能结构如图 8.1 所示。

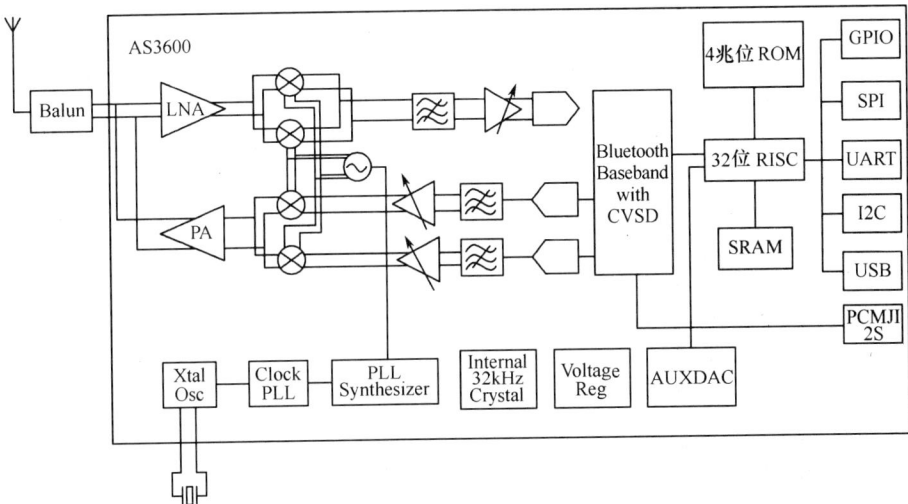

图 8.1　AS3600 结构框图

通用 UART:AS3600 提供标准的高速 UART 接口,可以和其他使用 RS232 标准的串行设备进行通信。它由蓝牙协议栈和应用软件来建立和控制。UART 接口包含 4 条信号线,分别是 UART_TX1,UART_RX1,UART_RTS1 和 UART_CTS1。当与其他的数字设备连接时,UART_TX1 和 UART_RX1 进行 2 个设备数据的传输,而 UART_RTS1 和 UART_CTS1 用于低功耗时的流量控制。该接口支持的比特率和参数如表 8.1 所列。

PCM 接口:AS3600 提供的 PCM 接口可以支持蓝牙 PCM 编码声频(话音)数据的传输。该接口可以绕过主机控制接口层直接与基带层进行双向的通信,且允许通过蓝牙的面向连接进行声频数据的发送和接收。在 1 次通信过程中最多可以同时支持 3 个面向连接。

表 8.1　UART 参数和支持的波特率

参　数	取　值	默认值
奇偶位	无,奇,偶	无
停止位	1 或 2	1
流量控制	无或 RTS/CTS	RTS/CTS
支持的波特率/(kb/s)	9.6, 14.4, 19.2, 38.4, 57.6, 115.2, 230.4,307.2,460.8,921.6	115.2
FIFO/B	0,16	16

AS3600 的 PCM 接口可以配置为主设备模式和从设备模式,如图 8.2 所示。当为主设备时,PCM_CLK 和 PCM_SYNC 的信号由 AS3600 产生。当为从设备时,AS3600 将从主设备的 PCM_CLK 和 PCM_SYNC 接收信号,PCM_CLK 的频率可达 2.048MHz。

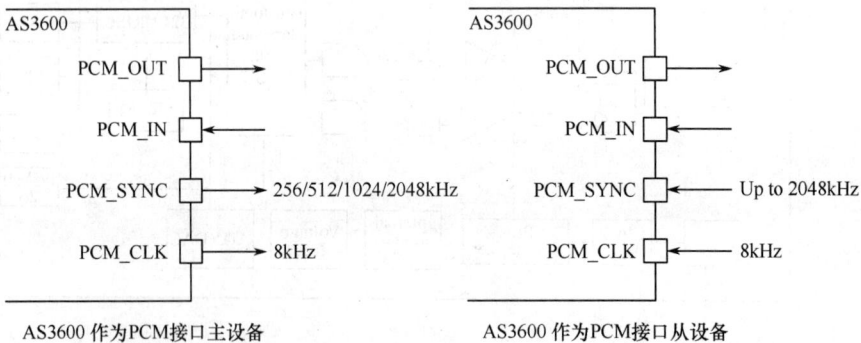

AS3600 作为PCM接口主设备　　　　AS3600 作为PCM接口从设备

图 8.2　AS3600 的 PCM 接口

USB 接口:高速的 USB 接口提供与其他相容的数字设备进行通信。AS3600只支持 USB 的从设备操作。

通用 I/O 接口:AS3600 一共有 16 个通用 I/O 引脚,可以把它们配置为一般目的的数字 I/O 或者配置为连接外围 ADC、定时器或 USART 的 I/O 接口。I/O的用途通过系统软件进行配置。

外部功率放大器控制:AS3600 支持外部 2.4GHz 的无线功率放大器。为了支持 Class1 蓝牙连接方案,RXEN,TXEN 和 AUX_DAC 都必须处于使能状态。AUX_DAC 和它集成的 8 位的 DAC 提供可变的电压资源,可以用来控制外部 PA的电压。RXEN 和 TXEN 用来表明 AS3600 的状态。当 AS3600 发送无线信号时,TXEN 处于使能状态;当 AS3600 接收无线信号时,RXEN 处于使能状态。

系统参考时钟:AS3600 既可以使用外部晶振,也可以使用参考时钟作为系统的时钟输入。支持的频率为 8MHz～32MHz,步进频率为 2MHz。

电源:AS3600 的内部模拟和数字电路工作在 1.8V 的芯片电压上。为了简化 IC 的电源,AS3600 集成了线形电压调整器。AS3600 的数字 I/O 接口由 V_{DD_PADS}单独供电,为了同外部设备相容,它的电压变动范围为 1.7V～3.7V。

片上资源:为了存储蓝牙协议栈、应用软件和系统配置数据,AS3600 芯片上集成了 2 兆位的 ROM。

8.3.2　BCM2048

BCM2048 是 Broadcom 公司于 2006 年发布的带有蓝牙和 FM 调谐器功能的单芯片 IC,主要面向手机和音乐播放器等应用。

BCM2048 采用 130nm 工艺 CMOS 技术,在单芯片 IC 中集成了蓝牙基带处理内核、2.4GHz 频带的 RF 收发器电路和 FM 调谐器电路。其中,FM 调谐器能够接受 76MHz～108MHz 频段的信号,可在美国、欧洲和日本等地使用。蓝牙的最小接受灵敏度为 –92dBm。内置功率放大器可最大输出功率为 6dBm。蓝牙规格方面,除支持蓝牙 V.2.0＋EDR 外,还率先配备了新规格蓝牙 V2.1 的主要功能。此外,FM 调谐器电路可作为蓝牙的接受发送电路独立工作。

BCM2048 芯片的功能结构图和手机应用框图分别如图 8.3、图 8.4 所示。

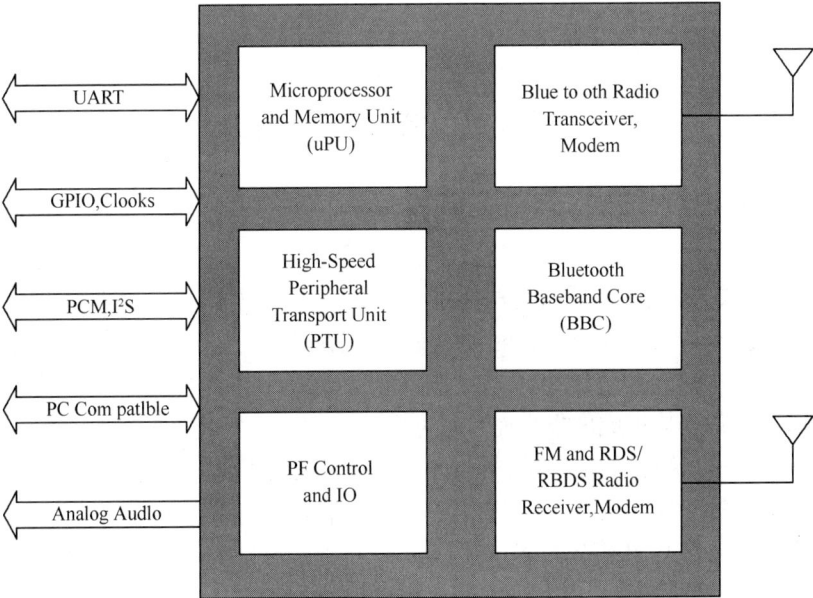

图 8.3　BCM2046 功能结构图

163

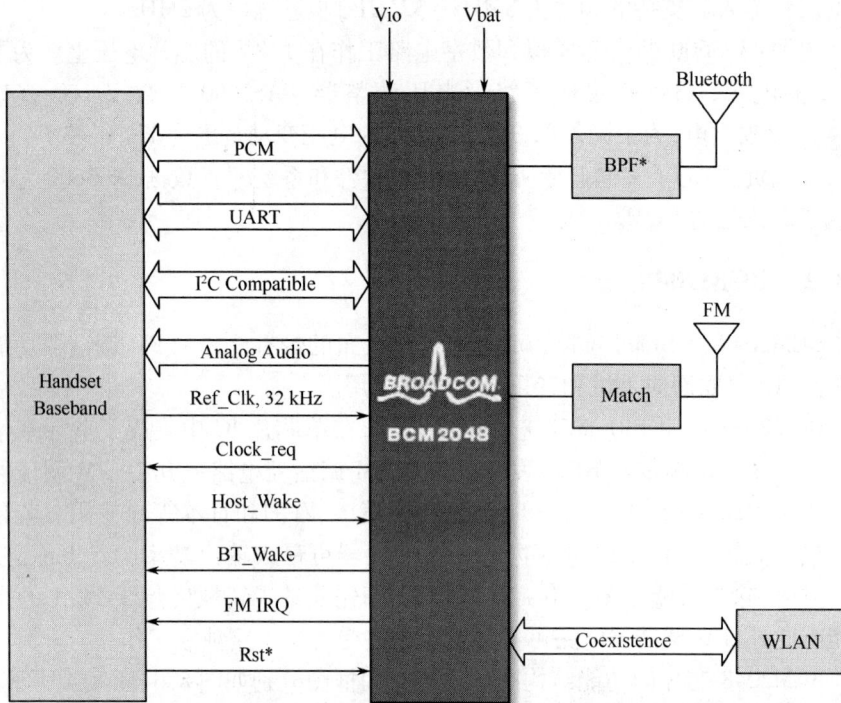

图 8.4　BCM2046 手机应用方框图

8.4　ULP 蓝牙解决方案

ULP 蓝牙技术被纳入蓝牙联盟后,各大厂商便纷纷推出相关的芯片及实施方案。ULP 蓝牙技术规范有"双模式"和"独立式"2 种实施方案[12]。

"双模式"是把蓝牙低功耗功能加到传统的蓝牙电路中。这样的芯片具备现有蓝牙技术的大部分功能和射频功能,与现在的芯片相比,增加的费用是最少的,如图 8.5 所示。

独立式芯片是集成度很高而且尺寸很小的器件。简化的蓝牙低功耗无线技术协议栈有一个简化的链路层,提供超低功耗的运行模式,它找到设备的过程很简单,点对多点的数据传输很可靠,具有先进的节电功能和加密功能。

超低功耗是 ULP 蓝牙技术取得成功的关键。人们希望,使用普通的钮扣电池的装置可运行几个月甚至几年。独立式芯片通常工作在低工作周期的情形,进入超低功耗闲置和睡眠模式,定期地唤醒进行短时间的通信。典型的独立式 ULP 蓝牙设备在运行时(例如运动手表与心率监测仪交换数据),芯片在发射或

An example device using BT only implementation

An example device using BT-ULP BT dual-mode implementation

An example device-set using ULP BT stand-alone implementation

Bluetooth stack

Bluetooth-ULP BT stack (dual-mode)

ULP Bluetooth stack (stand-alone)

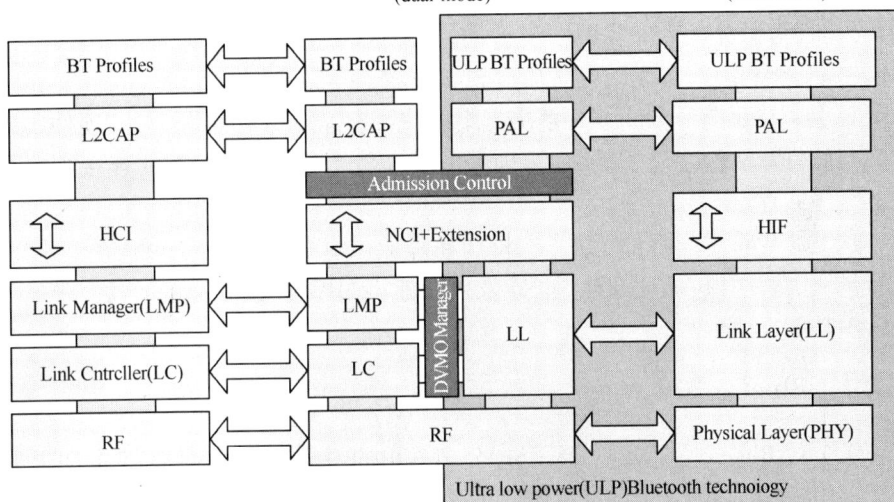

图 8.5　ULP 蓝牙技术有"双模式"和"独立式"2 种实施方案

接收时消耗的最大电流不到 15mA,在待机模式下降到约 2mA,在睡眠模式则降到 900nA。

　　双模式芯片主要用于手机、多媒体电脑和个人电脑。芯片工作在 ULP 蓝牙模式时,功耗大约是普通蓝牙芯片的 75% ~ 80%。下一代双模式蓝牙芯片将具备蓝牙技术的大部分现有功能和射频功能,不过,由于双模式器件将使用蓝牙技术的部分硬件,它的功耗最终取决于蓝牙的实施情况。因此,双模式器件没有 ULP 蓝牙技术规范中列出的优势和可能性。

8.4.1　NL5500

　　德州仪器(TI)在 ULP 蓝牙规范发布不久,宣布将利用在 ZigBee、低功耗 RF 以及移动连接等领域的专业技术,开发针 ULP 芯片和解决方案。TI 利用在微控制器与蓝牙解决方案等低功耗器件的技术,为 2 种类型的 ULP 蓝牙实施技术开发解决方案：一是面向手表、传感器以及其他微小型器件的单模技术；二是面向同时与单模和手持终端等传统蓝牙设备通信的双模技术。2008 年，TI 推出了业界首款集成 A – GPS、蓝牙 2.1、超低功耗技术以及 FM 收发功能的单芯片解决方案 NaviLink 6.0——NL5500[13]，该器件可满足移动手持终端消费者对 GPS、蓝牙无线技术以及 FM 无线电日益增长的需求。这款高集成度的低成本解决方案建立在 TI 65 纳米 DRP™ 单芯片技术基础之上，使制造商能够向广大中端市场推出具备 GPS 功能、时尚美观的低成本高性能手机，从而进一步推广 3D 地图、定位服务以及安全服务等受欢迎的 GPS 应用。该解决方案可进一步增强移动用户体验，为消费者带来多种同步活动，如导航、使用蓝牙耳机通话，以及通过 FM 传输功能利用汽车无线电广播播放 MP3 文件等。

TI 公司借助 NaviLink 6.0 解决方案解决了复杂的共存难题，它的硬件实施方案与软件算法均经过了优化，可确保 GPS、蓝牙、WLAN 与蜂窝式连接功能之间的无缝共存。

这款芯片将空间降低了 40%，将功耗降低了 50%。有了它，用户可以同时执行导航、蓝牙耳机通话并通过 FM 发射功能将 MP3 文件传输到车载无线电上等多项功能。

8.4.2　BlueCore7

第 7 代 BlueCore 芯片[14] 是 CSR 公司推出的整合蓝牙 V2.1 + EDR、低功耗蓝牙、eGPS（增强型全球定位系统）和 FM 收发功能的芯片，这是迄今为止无线技术集成最多的芯片之一。CSR 是首个将 ULP 蓝牙芯片与许多领先客户进行抽样测试的公司。早在 2008 年卢森堡举办的 Continua 健康联盟医学大会上，CSR 公司就公开演示了其超低功耗蓝牙样片，证明其在发展 ULP 蓝牙产品方面的领导地位。CSR 的 ULP 蓝牙演示有 2 个 IC，能够以标准蓝牙 50 倍的速率成功地传输 ULP 蓝牙数据包，这意味着此设备仅消耗 1/50 的能量。此外，在建立连接时，ULP 设备只需标准蓝牙 1/10 的能量。CSR 所展示的 IC 采用标准蓝牙（V2.1）和 ULP 蓝牙无线电。由于它们支持 2 种的蓝牙无线电，CSR 称这些设备为"双模"。

BlueCore 7 包含专利的 AnriStream 话音 CODEC，这种编解码器能够通过蓝牙连接提供固定电话的通话质量水平，并且将功耗降低 30%。也就是说，当连接的蓝牙耳机和手机都采用 AnriStream 技术的 BlueCore 芯片时，可实现固定线路的声音质量。又由于公司开发的 AnriStream 技术通过 eSCO 连接，采用的是自适应差分脉冲编码调制（ADPCM）CODEC，不仅能够实现更高的声频质量，而且与其他芯片采用的 CVSD 编码技术相比，能大量节省功耗。内置的扬声器驱动程序使用户能够将耳机直接与设备连接。通过将收发 FM 无线电与蓝牙整合,BlueCore7 使蓝牙和 FM 无线电能够互不干扰地单独或一起运行,因此用户能够通过一对耳机来收听手机上的 FM 广播。CSR 的 FM 接收器灵敏度达到 -110dBm,即使在苛刻的环境中也能保证高质量的 FM 接收。为了应对使用手机内部的 FM 天线的各种挑战,FM 发射机的输出功率最高达到 +4.5dBm。

BlueCore 7 芯片整合了 ULP 蓝牙技术,能够利用较少的频率进行连接,同时保留了蓝牙经过实践检验的可靠性,因此,BlueCore 7 比标准蓝牙的连接速度更快,且连接时的功耗更低。ULP 蓝牙是即时传输,不采用时间分段,只需通过 1 枚纽扣电池就可以支持低功耗蓝牙功能长达 10 年之久,这为各种产品,包括手表、遥控器、跑鞋、健康传感器等,提供了一种全新水平的蓝牙连接选项。

如表 8.2 所列,对比 CSR 公司以往的蓝牙芯片,BlueCore 7 提供最高的蓝牙质量和最低的功耗。

表 8.2　BlueCore 系列芯片参数比较

参　数	BC4 - ROM	BC5 - FM	BC6 - ROM	BC7
Tx 输出功率/dBm	+6	+6.5	+10(QFN),+7(CSP)	+10
Rx 灵敏度/dBm	-84	-89	-90(QFN),-90(CSP)	-93
制程/nm	180	130	130	90
芯片尺寸/mm²	15.2	16.4	11.2	11.7
外部元件数量(eBOM)	10	17(包含 FM)	9	8(包含 FM)
低寻呼扫描功率/mW	0.74	0.75	0.81	0.45
AnriStream 功率/mW	—	—	15	11
CVSD 功率/mW	—	—	26.6	19
HV3 运行功率/mW	30	25.5	25	18
待机功率/μW	64	54	50	40
低功耗蓝牙	—	—	—	支持

注:BlueCore 5 的内核电压为 1.5V,BlueCore 7 的内核电压为 1.35V。所有给出的值都基于 WLCSP 封装类型的芯片

附 录

附录 A 配置文件标识符

UUID	名 称	描 述
0xuuuu	GAP	普通接入应用
0xuuuu	HID	人机接口设备
0xuuuu	Watch	腕表类型单位
0xuuuu	Sensor	传感器数据单元

附录 B 协议列表

名 称	描 述
ATP	属性协议
PAL	应用接入层协议
HID	人机接口设备协议

附录 C 设备类型

设备类型以设备的形状和形式进行分类,不一定以它的功能进行划分。智能手机归类为 PDA,因为它有一个大屏幕,即使它是一个小的功能。

下表是设备类型的定义:

设备类型名称	设备类型	描 述
手机	0xuuuu	手机或移动电话
计算机	0xuuuu	桌面级计算机
膝上型电脑	0xuuuu	笔记型电脑类计算机

设备类型名称	设备类型	描　述
PDA	0xuuuu	一个大屏幕的小型的手持设备
Watch	0xuuuu	腕表
时钟	0xuuuu	挂钟
Shoe	0xuuuu	A Shoe
医学传感器	0xuuuu	医学传感器
环境传感器	0xuuuu	温度/湿度或类似的传感器
鼠标	0xuuuu	计算机鼠标
键盘	0xuuuu	计算机键盘

附录 D　通信实例

1. 读取支持应用

读取支持的应用列表,应该使用单一的命令。这将请求支持应用列表,并返回句柄和能识别应用的属性值。应用标识符属性拥有已知的应用标识符 UUID（通用唯一标识符）。因此,读取支持的应用列表只需要阅读已知应用标识符 UUID（通用唯一标识符）设备的所有属性。

startingHandle = 0;

ReadInformationRequest（ProfileUUID,value,startingHandle）

⇒ReadInformationResponse（more,handle,value,handle,value,handle,value）

startingHandle = lastHandle + 1;

ReadInformationRequest（ProfileUUID,value,startingHandle）

⇒ReadInformationResponse（nomore,handle,value,handle,value）

2. 读取已知静态属性

读取已知静态属性列表,例如支持的功能或是设备名称属性,使用如上相同的命令。这要求有一个给定属性 UUID 的属性列表。UUID 含义是通用唯一识别码（Universally Unique Identifier）。

ReadInformationRequest（DeviceNameUUID,value,0）

⇒ReadInformationResponse（nomore,handle,"DeviceName"）

ReadInformationRequest（FeatureInformationUUID,value,0）

$\Rightarrow$ReadInformationResponse（nomore,handle,{Features}）

3. 读取完所有句柄属性

设备上读取所有已知的属性列表,使用如上同样的命令,但是这次不会有值返回,读取 UUIDs 需要有返回值。

startingHandle = 0;

ReadInformationRequest(allUUID, UUID, startingHandle)

$\Rightarrow$ ReadInformationResponse （more, handle, UUID, handle, UUID, handle, UUID）

startingHandle = lastHandle + 1;

ReadInformationRequest （allUUID, UUID, startingHandle）

$\Rightarrow$ReadInformationResponse （nomore, handle, UUID, handle, UUID）

4. 读取给定应用的所有属性

读取给定应用的所有属性列表,也是使用上述命令,但这次为请求应用需启动应用标识符属性句柄,从上述命令得到应用标识符属性。

startingHandle = profileHandle;

ReadInformationRequest(allUUID, UUID, startingHandle)

$\Rightarrow$ ReadInformationResponse （more, handle, UUID, handle, UUID, handle, UUID）

startingHandle = lastHandle + 1;

ReadInformationRequest(allUUID, novalue UUID, startingHandle)

$\Rightarrow$ReadInformationResponse(nomore, handle, UUID, handle, UUID)

5. 属性处理

属性处理,通常的处理顺序从句柄 1 到最高值句柄 0x7FFF。当读属性信息时,返回的句柄也将会排好顺序。

这会得到另一个好处:应用属性分组成连续的一系列的属性句柄,提供足够的结构,这个结构中属性将能够识别特定的应用。使得设备中相同应用能够多样化实例,输出不同的属性,并用正确的应用识别这些属性。

例如,一个设备有 3 个应用,都是传感器应用,其中有显示室内温度和湿度,以及室外温度。

设置如下属性:

Attribute[10]（ProfileIdentifierUUID, SensorProfileUUID）

Attribute[11]（SensorDescriptionUUID,"InsideTemperature"）

Attribute[12]（TemperatureUUID,20℃）

Attribute[13]（ProfileIdentifierUUID,SensorProfileUUID）

Attribute[14]（SensorDescriptionUUID,"Humidity"）

Attribute[15]（HumidityUUID,45%）

Attribute[16]（ProfileIdentifierUUID,SensorProfileUUID）

Attribute[17]（SensorDescriptionUUID,"OutsideTemperature"）

Attribute[18]（TemperatureUUID,12℃）

参 考 文 献

[1] http://www.eliu.info.

[2] Williams S. IrDA: past, present and future. IEEE Personal Communications, 2000, 7(1):11 – 19.

[3] Robin Heydon. ULP 开启全新无线应用. 电子设计应用, 2007.

[4] Zmijewska A. Evaluating wireless technologies in mobile payments a customer centric approach, IEEE Proceedings of ICMB'05, 2005.

[5] Wibree 论坛并入蓝牙技术联盟, http://www.informationweek.com.cn.

[6] In-Stat/MDR. 蓝牙应用短期内将以制造业和医疗业为主. 国际电子商情, http://www.ebnchina.com.

[7] 金纯, 等. 蓝牙技术. 北京:电子工业出版社, 2001.

[8] Shepherd R. Bluetooth wireless technology in the home. Electronics and Communication Engineering Journal, IEEE2001 (13).

[9] 刘兴, 李建东. 蓝牙芯片及应用. 电子技术应用, 2001(7).

[10] Product Sheet BTBT002/BTBT004 and Ichnos in an Amusement Park Scenario BlueTags A/S BlueTags home page, http://www.bluetags.com.

[11] Tomas Embla Bonnerud. ULP 蓝牙准备好进入医疗保健应用了吗. 电子系统设计, 2008.

[12] 蓝牙低功耗无线技术的价值, http://www.cctime.com.

[13] NL5500 datasheet, http://www.ti.com.

[14] BlueCore7 datasheet.

[15] 蓝牙超低功耗技术规范, http://www.bluetooth.com.

内 容 简 介

本书对超低功耗(ULP)蓝牙技术原理,重点是其协议体系结构,进行了全面和详细的阐述,具体包括物理层协议、链路层协议、主控制器接口、主机规范以及安全服务规范等内容,并对其应用前景做了具体的分析。

本书共分8章:第1章为短距离无线通信技术简介,介绍了常见的几种短距离无线通信技术,并对它们的性能进行了比较;第2章对ULP蓝牙技术的体系结构进行了概述;第3章介绍了ULP蓝牙技术物理层规范及功能;第4章介绍了ULP蓝牙链路层规范;第5章对ULP蓝牙主机控制接口层规范及其功能进行了介绍;第6章介绍了ULP蓝牙主机规范;第7章介绍了ULP蓝牙的安全规范;第8章在ULP蓝牙发展现状的基础上对其应用前景进行了展望。

本书适合通信相关专业的学生学习和阅读,也可作为希望了解或从事ULP蓝牙和其他无线短距离通信技术的工程技术人员参考。